Kandidaten lesen

Wolfgang K. Eckelt

Kandidaten lesen

Mit dem Headhunter-Schlüssel zur treffsicheren Personalauswahl

2., aktualisierte Auflage

Springer Gabler

Wolfgang K. Eckelt
Stuttgart, Deutschland

ISBN 978-3-658-14415-9 ISBN 978-3-658-14416-6 (eBook)
DOI 10.1007/978-3-658-14416-6

Die Deutsche Nationalbibliothek verzeichnet diese Publikation in der Deutschen Nationalbibliografie; detaillierte bibliografische Daten sind im Internet über http://dnb.d-nb.de abrufbar.

Springer Gabler

Gedruckt auf säurefreiem und chlorfrei gebleichtem Papier

Springer Gabler ist Teil von Springer Nature
Die eingetragene Gesellschaft ist Springer Fachmedien Wiesbaden GmbH
Die Anschrift der Gesellschaft ist: Abraham-Lincoln-Straße 46, 65189 Wiesbaden, Germany

Inhalt

Vorwort

Den richtigen Kandidaten finden. Den einen, der passt. Vor diesem Problem stehen Personalverantwortliche permanent. Die Aufgabe ist schwierig, Fehlbesetzungen sind teuer, ein Fehlgriff kann ein Unternehmen in eine existenziell bedrohliche Schieflage bringen. Findet sich aber der eine, der richtige Kandidat, der im richtigen Moment an der richtigen Stelle durchstartet, kann dies für ein Unternehmen alles verändern.

Warum der richtige Kandidat für Unternehmen eine existenziell wichtige Rolle spielt, hat der US-amerikanische Top-Manager und Publizist Lee Iacocca sehr treffend auf den Punkt gebracht:

> *Letzten Endes kann man alle wirtschaftlichen Vorgänge auf drei Worte reduzieren: Menschen, Produkte und Profite. Die Menschen stehen an erster Stelle. Wenn man kein gutes Team hat, kann man mit den beiden anderen nicht viel anfangen.*
>
> Lee Iacocca, Vorstandsvorsitzender Chrysler 1979 – 1992

Aus vielen Gründen ist es für Unternehmen heute schwieriger als je zuvor, den richtigen Kandidaten zu finden:

- **Die Herausforderungen werden komplexer**, die Bewerber aber weder intelligenter noch kompetenter. Im Gegenteil: Die Fähigkeit zu komplexem Denken nimmt mit der zunehmenden Verschulung der Studiengänge tendenziell ab. So gibt es insgesamt weniger exzellente Kandidaten.
- **Der demografische Wandel** wird durch den Zuzug aus anderen Ländern zwar leicht abgefedert: Laut Statistischem Bundesamt sind im Jahr 2015 rund 2 Millionen Menschen nach Deutschland eingewandert (860.000 sind ausgewandert). Wunderbar! Doch leider heißt das nicht zwingend, dass Kandidaten dabei sind, denen die hiesigen Unternehmen eine Chance geben wollen. So entsteht trotz Zuwanderung der Eindruck eines Fachkräftemangels.
- **Recruiting ist ein hartes Geschäft geworden**. Unternehmen bauen einen hohen Erwartungsdruck gegenüber internen Personalverantwortlichen auf, genauso gegenüber externen Personalberatern. Ihre Ansprüche steigen: Ger-

ne wollen sie spannende Namen schon im ersten Briefing-Gespräch hören. Gleichzeitig sinkt ihre Investitionsbereitschaft.

- **Arbeit ist heute Performance.** Wer sich darstellen kann, der kommt voran. Aber wer im Vorstellungsgespräch einen brillanten Eindruck macht, der macht nicht automatisch auch brillante Umsätze. Leider ist es mit konventionellen Auswahlverfahren nicht möglich, perfekte Selbstdarstellung von realer Leistungsfähigkeit zu unterscheiden.

Wie können Personalverantwortliche trotzdem den richtigen Kandidaten finden? Die Erfahrung zeigt: Standardisierte Vorstellungsgespräche führen oft nicht zum Erfolg. Persönlichkeitstests auch nicht. Assessment Center auch nicht. Was aber dann?

Ich sage: Wir müssen unsere Vorstellungen von professionellen Vorstellungsgesprächen komplett über Bord werfen. Sie nehmen uns durch ihre vorgefertigte Dramaturgie zwar Arbeit ab, sie bringen aber zu wenig. Wir müssen Abschied nehmen von den eingeschliffenen Frage-Antwort-Spielen. Wir müssen den Fokus wegnehmen von dem einzelnen Kandidaten und den Blick weit stellen: auf das gesamte System, in dem er sich bewähren muss. Wir müssen unsere stereotypen Vorstellungen vom „perfekten Kandidaten" auf den Prüfstand stellen. Manchmal ist es eben der erfahrene 60-jährige Schwabe, der als Führungskraft den ersehnten **Turnaround** bringt. Manchmal auch die 20-jährige Chinesin. Jedenfalls nicht immer der 40-jährige Diplom-Ingenieur.

Königsmacher – so nennen manche meinen Beruf. Auf meiner Visitenkarte steht **Executive Search Consultant**. Ich selbst nenne mich schlicht und ergreifend **Headhunter**, weil ich das treffender und ehrlicher finde als die sich so betont harmlos gebende Bezeichnung **Personalberater**. Ich habe Hunderte von Karrieren begründet, beeinflusst oder beschleunigt. Ich arbeite im Hintergrund. So kommt es, dass ich mit den Chefetagen der deutschen Industrie, insbesondere mit denen der Automobilindustrie, exzellent verdrahtet, in der Öffentlichkeit aber weitgehend ein Unbekannter geblieben bin. Mit meiner Arbeit verbinde ich kontinuierlich und gezielt Systeme, Zielgruppen, Menschen. Wie das?

- Die von mir jedes Jahr organisierten **Business Talks** bieten den Top-Playern eine perfekte Bühne, um ihre Netzwerke zu pflegen. Und mir die Gelegenheit zu neuen, noch tieferen Einblicken in das, was hinter den Kulissen der Unternehmen geschieht.

- Engen Austausch pflege ich mit **Professionals**, die bereits einige Jahre im Beruf sind und auf eine Reihe von Erfolgen zurückblicken können. Das sind die Kandidaten, die ich gezielt mit den Top-Playern zusammenbringe.
- Intensiv beschäftige ich mich auch mit den akademischen **Nachwuchskräften**. Um diese mit den suchenden Unternehmen in Verbindung zu bringen, gebe ich jedes Jahr den **Top Career Guide Automotive** heraus. Die Berufseinsteiger bewerben sich auf Grundlage der Informationen aus dem Branchen-Magazin zunächst selbst bei den Unternehmen. Später, als Professionals auf dem Weg zur Spitze, treten sie dann mit mir in Verbindung. Oder ich mit ihnen.

Executive Search klingt nach nervenzehrender Suche. Doch ich suche nicht, ich finde. Ich **weiß**, wer richtig ist. Ich sehe die Puzzle-Stücke vor mir und verbinde da, wo etwas ganz offensichtlich zusammenpasst. Klar: Manchmal schleife ich die Kanten ein wenig rund – durch intensive Gespräche mit dem Auftraggeber und durch gnadenlosen Klartext gegenüber meinen Kandidaten. Aber wenn die Passung im Prinzip schon stimmt, ist das kein großes Kunststück.

Warum ich Kandidaten **lesen** kann, konnte ich lange nicht im Detail erklären. Deshalb habe ich mich auf die Suche nach meinen eigenen Suchstrategien gemacht. Das Ergebnis meiner Suche möchte ich Ihnen in diesem Buch vorstellen. Doch vorher möchte ich Ihnen die Frage beantworten: Wie kommt man dazu, ausgerechnet **Headhunter** zu werden?

Mit 16 Jahren war ich vergleichsweise jung, als ich mir Gedanken über meine Karriere machte. Schulfächer interessierten mich nicht. Die bekannten Studienfächer interessierten mich nicht. Medizin? Jura? Nein. Was mich faszinierte, waren Menschen. Und die Schubladen, die uns in den 1980er Jahren so entscheidend schienen: Popper oder Öko, Rocker oder Mod, Punker oder Prolo. Die exklusiven und teuren Marken, mit denen sich die einen zu erkennen gaben und von denen sich die anderen vehement abgrenzten, schienen mir wie eine exotische Welt voller geheimer Zeichen. Sie weckte meine Neugier.

Eine Ausbildung in der Textilindustrie erlaubte es mir, diese Welt zu erforschen und zugleich ein wenig Zeit zu gewinnen. Ich konnte nicht ahnen, dass ich in dieser Ausbildung viel mehr über Menschen als über Textilien lernen würde. Es war der ideale Ort, um mit der Top-Liga auf Tuchfühlung zu gehen: Ich beobachtete genau, wer sich wie kleidete, wer wie sprach, wer sich wie bewegte. Vordergründig arbeitete ich sehr erfolgreich als Verkäufer hochpreisiger Anzüge. Tatsächlich aber erforschte ich die geheimen Regeln der Performance. Und damit auch einige unsichtbare Mechanismen der Macht.

Bis ich genug gelernt hatte und wusste, dass mir exzellentes Verkaufen alleine nicht ausreicht. Ich wollte mehr. Doch um in die Top-Etagen zu gelangen, brauchte ich akademisches Rüstzeug. Also studierte ich an einer Business School und garnierte den Abschluss mit dem MBA einer amerikanischen Elite-Universität.

Anschließend führte mich mein Weg in das Personalmanagement eines amerikanischen Unternehmens. Dort bekam ich einen Einblick in das Beziehungsgeflecht eines großen, weltweit tätigen Konzerns. Ich stellte schnell fest, dass nicht die Besten oder Fleißigsten auf den Top-Jobs saßen, sondern die, die sich am besten verkaufen konnten, ihre Netzwerke am besten pflegten und es verstanden, ihre Kollegen und Mitarbeiter für ihre Ziele zu instrumentalisieren.

Hier erlebte ich hochkarätige Business-Performance-Künstler erstmals **on stage**. Das eindrücklichste Beispiel dieser Spezies war meine eigene Vorgesetzte. Sehr viel begabter als ihre Kollegen war sie meiner Einschätzung nach nicht. Aber sie konnte sich so viel besser in Szene setzen als diese, dass sie Schritt für Schritt an ihnen vorbeizog. Immer weiter nach oben. Ganz ohne Frauenquote. Im Laufe ihres Berufslebens hat sie ihren Weg durch die Top-Adressen der deutschen Industrie gemacht und mit jedem Wechsel das Ziel verbunden, eine noch höhere Etage zu erklimmen. Sie hat es geschafft. Heute ist sie nicht im Ruhestand, sondern betreibt ein Hotel. So hat sich die Performancekünstlerin noch einmal eine neue Bühne geschaffen. Es war diese Dame, die meinen eigenen Weg entscheidend beeinflusst hat. Sie hat mir gezeigt, wie Performance funktioniert. Das war meine erste Lektion. Dieses Wissen wollte ich für meinen nächsten Schritt nutzen.

Mit 33 Jahren bewarb ich mich also als Personalleiter eines großen Sportartikel-Herstellers. Ich ging absichtlich **nicht** in feinem Zwirn zu diesem Termin und war doch erstaunt, vor Ort der älteste und spießigste Typ zu sein. Mein Gesprächspartner kam im Polo-Hemd: „Hallo, bist du der Wolfgang?" Er bat mich in ein unaufgeräumtes Besprechungszimmer, stellte mir ein paar Fragen. Nach 15 Minuten ging er SMS-tippend hinaus und kam nicht wieder. Irritiert wartete ich kurz, dann schaute ich nach: Da saß er! An einer Bar, in eine Zeitung vertieft! Er blickte nicht einmal auf, als ich mich zu ihm setzte.

Mir platzte der Kragen. Ich nahm ein Feuerzeug und zündete seine Zeitung an. „Was soll das!?", schrie mein Gegenüber mich an, schleuderte das brennende Papier in die Spüle, löschte den Brand: „Du bist cool", sagte er. „Erzähl mehr von dir."

Für mich war das ein Schlüsselerlebnis: Mein Gesprächspartner hatte mich beleidigt, provoziert, aus der Reserve gelockt. Innerhalb von Minuten. So musste ich mich als der zeigen, der ich wirklich war: als jemand, der sich nicht um Konventionen schert, wenn er etwas erreichen will. Der mit dem Feuer spielt, wenn es sein muss.

Das war genau das Profil, das der Personalverantwortliche suchte. Er wollte mich. Doch ich wollte nicht mehr. Denn ich wusste instinktiv, dass ich gerade etwas erlebt hatte, was mein ganzes Leben prägen sollte. Ich hatte zum ersten Mal etwas völlig anderes als ein klassisches Vorstellungsgespräch gesehen. Ich hatte am eigenen Leibe gespürt, dass gerade deshalb ein direkter, ehrlicher Kontakt zustande gekommen war. In dieser Intensität wäre das in einem Standard-Setting nicht möglich gewesen. So schnell und klar und richtig hätte auch das Ergebnis nicht im Raum gestanden.

Das war meine zweite Lektion. So wollte ich auch arbeiten. Systematisch mit dem Feuer spielen, um die richtigen Kandidaten zu finden. Ich wollte „Personaler" werden, aber nicht in einer Konzernzentrale. Ich wollte nach meinen eigenen Regeln spielen, ich wollte selbst auf Business-Bühnen performen. Also entschied ich, mich als unabhängiger Headhunter im Markt zu etablieren. Meine Methode hatte ich schon gefunden.

Nachdem ich seit gut 15 Jahren als Headhunter erfolgreich bin, möchte ich Sie mit diesem Buch an meinen Erfahrungen teilhaben lassen. Ich möchte Ihnen zeigen, dass es auch heute sehr wohl möglich ist, den passenden Kandidaten für Ihr Unternehmen zu finden. Dazu müssen Sie nichts anderes tun, als für einen Moment alle ihre Vorstellungen rund um „richtiges Recruiting" zu vergessen. Meiner Erfahrung nach finden wir mit den konventionellen Methoden immer die Falschen. Suchen wir also anders. Und finden wir die Richtigen.

Einleitung

Die Performance zählt. Das gilt insbesondere für Vorstellungsgespräche. Hier treffen wir auf Kompetenzdarsteller, die genau wissen, welche Performance erwartet wird, und die genau diese Show abliefern. Auf Knopfdruck.

Gerade die jungen Kandidaten sind durch viele Regalmeter von Ratgebern informiert, immer häufiger auch durch den Austausch im Social Web. Sie wissen, in welchem Unternehmen welcher Personalverantwortliche welche Fragen stellt. Sie wissen, wie viel sie wert sind. Sie wissen, dass sie rar sind und dass die Unternehmen nicht an ihnen vorbei kommen. Daher geben sie sich zunehmend anspruchsvoll. „Arbeiten nach 18 Uhr?“ „Nein, danke.“ „Einsatz in New York?“ „Vielleicht doch zu stressig …“ „Mehr Verantwortung?“ „Da muss ich erst einmal meine Frau fragen …“

Außen Industrieschauspieler, innen „Generation Weichei“ (vgl. FAZ vom 22.12.2012). Dieser Trend stellt HR-Verantwortliche vor neue Herausforderungen. Wo früher das berühmte „Bauchgefühl“ half, zumindest das Herkunftsmilieu und die damit verbundenen Wertvorstellungen eines Kandidaten einzuschätzen, hilft heute vielen gar nichts mehr. Immer mehr Personalverantwortliche gehen so einerseits immer professionelleren Industrieschauspielern auf den Leim und schlagen sich andererseits mit immer anspruchsvolleren Work-Life-Balance-Künstlern herum.

Schwierig. Denn am Ende des Tages zählt nicht nur der schöne Schein und die perfekte Balance, sondern immer noch die messbare Leistung im Tagesgeschäft.

Was können Recruiter tun, um High Potentials von Schaumschlägern zu unterscheiden? Erstens: Sie müssen lernen, Kandidaten wirklich zu „lesen“. Es gehört eine Menge Erfahrung dazu, eine gute Intuition, ein scharfer, analytischer Blick und der Mut zur gezielten Provokation, um „Mr. oder Mrs. Right“ in der Masse der kompetenten Kompetenzdarsteller zu entdecken. Unbedingt gehört dazu auch ein klarer Blick auf die eigenen, durch die Profession und die Branche vorgeformten Vorstellungen und Performance-Routinen. Wer sich hier selbst nichts vormacht und einen inneren Abstand zu den Inszenierungen der Wirtschafts-Akteure bewahrt, der geht auch einem bluffenden Kandidaten nicht so leicht auf den Leim.

Zweitens sollten Recruiter ihre Haltung überdenken. Die etwas älteren Semester unter Personalentscheidern gehen auch heute noch davon aus, dass Bewerber selbstverständlich ihr komplettes Privatleben für das Unternehmen aufgeben und klaglos Tag wie Nacht auf dem Betriebsgelände verbringen wollen. Doch das ist heute nicht mehr so. Was aber nicht heißt, junge Führungskräfte seien faul. Sie ziehen nur die Grenze zwischen Job und Privatleben anders: Ganz selbstverständlich wollen sie um 18 Uhr beim Elternabend sein, ebenso selbstverständlich stellen sie ihre Präsentation um 23 Uhr auf dem Sofa fertig. Wer das als Personalverantwortlicher nicht begriffen hat, der stellt im Vorstellungsgespräch die falschen Fragen und der versteht auch die Antworten nicht.

Mit diesem Buch möchte ich Ihnen Werkzeuge an die Hand geben, die ich als Headhunter entwickelt habe und mit denen mir immer wieder eine treffsichere Kandidatenwahl gelingt.

- In **Kapitel I** zeige ich Ihnen, warum Personalauswahl heute so schwierig ist und welche Auswahl-Methoden zwar Wunder versprechen, tatsächlich aber zu nichts führen.
- In **Kapitel II** zeige ich Ihnen den Backstage-Bereich meiner verschwiegenen Branche und erkläre, wie und warum Headhunter die besten Kandidaten auf ganz andere Art finden als interne Personalverantwortliche.
- **Kapitel III** widmet sich der Welt der geheimen Codes, mit denen die Top-Etagen der Wirtschaft arbeiten. Hier greife ich auf meine eigenen Beobachtungen zurück, aber auch auf allgemeine Forschungsergebnisse.
- In **Kapitel IV** werfen wir einen Blick auf die suchende Firma. Denn um einen passenden Kandidaten zu finden, müssen wir erst die Vorlieben und Eigenarten der „Braut" kennenlernen.
- In **Kapitel V** gebe ich Ihnen Einblick in die Methoden, mit denen ich Kandidaten lese. Wie ich sie irritiere, provoziere und so lange dekonstruiere, bis ich sicher bin, dass der Kandidat mit seinen Leistungen, seinen Wertvorstellungen und seinem Habitus zu meinem Auftraggeber passt.
- **Kapitel VI** schließlich bietet ein Fazit und einen Ausblick: Worauf haben sich Personalverantwortliche und Headhunter in den kommenden Jahren einzustellen?

Ich wünsche Ihnen eine anregende Lektüre. Und wenn Sie sich, wovon ich ausgehe, von meinen Thesen und Methoden provoziert fühlen, dann probieren Sie das Kandidatenlesen doch einfach einmal aus. Ich bin gespannt auf Ihre Erfahrungen!

Ich wünsche Ihnen eine spannende Lektüre und viel Erfolg bei Ihrer Personalauswahl.

Herzlichst Ihr
Dr. Wolfgang K. Eckelt

I Warum der richtige Kandidat so schwer zu finden ist

Personalverantwortliche haben einen undankbaren Job. **Finanzen** und **Technik** gelten als relevante, als machtvolle Bereiche. Hier sitzen die hoch angesehenen Vorstände. **Personal** ist anders. Hier gedeihen „Bonsai-Manager“, so bringt Klaus Werle im manager magazin die Entwertung der Abteilungen für **Human Resources** (HR) auf den Punkt (11/2014, S. 102 ff.) In diesem Bereich werden Urlaubstage gezählt, Krankmeldungen gesammelt, Zeugnisse verwaltet, Soft Skills geprüft. In etlichen Unternehmen werden die Führungskräfte im Personalbereich zwar großzügig „HR Business-Partner“ genannt, sie werden aber **nicht** in strategische Entscheidungen einbezogen. Sie werden **nicht** als wichtige Partner und Berater behandelt – auch dann nicht, wenn es um die Entwicklung einer Organisation geht. Paradoxerweise sind damit alle Beteiligten unzufrieden: Viele HR-Verantwortliche wünschen sich mehr Einfluss, während Führungskräfte aus anderen Bereichen den Eindruck haben, von HR im Regen stehen gelassen zu werden.

Das zeigt: Einerseits werden Personal-Jobs nicht so ernst genommen, andererseits lastet ein extrem hoher Erwartungsdruck auf Personalverantwortlichen. Läuft das Unternehmen schlecht, werden magische Kräfte erwartet: Sie sollen den Retter bringen, der das Ruder herumreißt. Bringt der Retter nicht das erwartete Heil (meistens bringt er es nicht), ist der HR-Verantwortliche schuld.

Diese schwierige Situation ist auch Thema einer aktuellen **Kienbaum**-Studie: Die befragten Manager und Nachwuchskräfte schätzen zwar die strategische Relevanz von HR-Themen als hoch ein, den tatsächlichen Wertbeitrag der Personalverantwortlichen aber als gering bis mäßig. Jeder dritte interne Kunde findet, dass die Personalverantwortlichen nicht die an sie gestellten Anforderungen erfüllen. Für mehr als die Hälfte der Unternehmen fällt die Bedeutung der HR-Funktion deutlich geringer aus als etwa die des Bereichs Unternehmensstrategie und -entwicklung; das glauben sogar 45 Prozent der Führungskräfte und Mitarbeiter aus den HR-Abteilungen. Hingegen sind nur 18 Prozent aller befragten Professionals davon überzeugt, dass das Image von HR so gut ist wie das anderer Unternehmensbereiche. Die Ergebnisse sind nachzulesen in **„HR 4 HR. Professionalisierung von HR-Funktionen durch Kompetenzentwicklung und attraktivere Karrie-**

ren", für die Kienbaum in Kooperation mit dem Personalmagazin 180 Manager und Mitarbeiter aus rund 120 deutschen Unternehmen sowie 425 Studierende befragt hat.

Der Druck steigt

Da kann ich nur sagen: Wer den Schwarzen Peter der Personalabteilung zuschiebt, verkennt die realen Schwierigkeiten bei der Akquise von Talenten:

1. Die demografische Entwicklung fordert Firmen heraus. In den Unternehmen werden hoch qualifizierte, hoch motivierte, junge Player mit Erfahrung gesucht, wobei die Zahl der Gesuche sehr viel größer ist als die Zahl der Kandidaten, die dem gesuchten Profil entsprechen können. So müssen Unternehmen ihren Suchfokus verändern und ältere Manager, Kandidaten aus dem Ausland und nicht zuletzt auch immer mehr Potenzialträger*innen* in den Fokus nehmen – was insbesondere in der Automobilindustrie immer noch ein Novum darstellt.

2. Die Mobilität der Bewerber sinkt. Je unbekannter ein Unternehmen ist und je unattraktiver – sprich: ländlicher – sein Standort, desto problematischer wird die ohnehin schon schwierige Suche nach Fachkräften. Laut „Manager-Barometer 2014/2015" von Odgers Berndtson nimmt die Mobilität der Führungskräfte unter dem Einfluss der eigenwilligen Generation Y (die internetaffinen Jahrgänge zwischen ca. 1981 und 1995) sogar noch weiter ab. Unter den insgesamt 2.100 befragten Studienteilnehmern waren nur noch 39 Prozent der Männer und 29 Prozent der Frauen bereit, für ihren nächsten Karriereschritt ihren Wohnort zu verlagern. So verschärft sich der Fachkräftemangel nicht nur für die abseits der Metropolen angesiedelten Zulieferbetriebe, sondern prinzipiell für alle Unternehmen.

3. Die Ansprüche der Bewerber steigen. Noch nie wussten Bewerber so genau, wie viel sie „wert" sind – Informationsplattformen und der Austausch in sozialen Netzwerken haben zu einer bis dato unbekannten Transparenz geführt. Gleichzeitig sind Bewerber heute sehr viel selbstbewusster als frühere Generationen. Schon im Vorstellungsgespräch grenzen sie ihre Leistungsbereitschaft ganz klar ein. Im Zweifelsfall entscheiden sie sich lieber gegen einen Job, als ihre Ansprüche in Sachen Selbstverwirklichung und Work-Life-Balance in Frage zu stellen (vgl. dazu Hofmann 2014, S. 57).

4. Die Unternehmensnachfolge ist in vielen Betrieben nicht geklärt. Das ist hoch problematisch, weil aktuell eine ganze Generation von Geschäftsführern kurz vor der Rente steht. Laut Bundesverband der mittelständischen Wirtschaft (BVMW) trifft dies auf jeden fünften Chef im Mittelstand zu. Das erzeugt Schwachstellen (zit. nach Naporra 2012, S. 27):

> *Wer einen Geschäftsführer per Stellenanzeige sucht, animiert leicht den Wettbewerb zum Angriff.*
>
> Jürgen Siebert, Managing Partner, Kienbaum

Also heißt es für die Personalverantwortlichen im Unternehmen: Strategisch geschickt, vorsichtig und feinfühlig sein. Und am besten **keine** Stellenanzeige schalten, um eine doppelte Schwächung zu vermeiden: Zum einen durch die Konkurrenz, zum anderen durch eine hereinbrechende Flut an Bewerbungen, von denen der Großteil nicht zu gebrauchen ist.

5. Der globale Konkurrenzdruck nimmt zu und die Märkte werden unruhiger. Neue Geschäftsmodelle blühen auf (siehe kommerzielle Online-Communitys), andere brechen ein (siehe Solartechnik). Gleichzeitig steigt die Fluktuation der Leistungsträger auf allen Ebenen. Die Loyalität zu einem Unternehmen gilt oft nicht mehr viel – im Zweifelsfall bleibt man sich selbst treu oder dem eigenen, gut gepflegten Netzwerk. Nicht aber einem großen Unternehmen.

Nicht zuletzt steigern die Konzerne die Unruhe von sich aus weiter: Zum Beispiel durch ständige Umstrukturierungen und durch Job-Rotations vor allem auf den zweiten und dritten Hierarchie-Ebenen. Der offizielle Grund: Viel versprechende Führungskräfte sollen noch mehr Erfahrungen sammeln, sollen durch zusätzliche Herausforderungen motiviert werden, sollen über den viel beschworenen Tellerrand schauen, damit sie nicht immer nur die gleiche Suppe auslöffeln.

Der wahre Grund aber ist ein anderer: In schöner Regelmäßigkeit ordnet die oberste Hierarchieebene das große Stühle-Rücken an, um die eigene Macht zu sichern. Denn nur durch ständiges Aufmischen lassen sich Seilschaften verhindern, die sich zu informellen Machtzentren verdichten und zu undurchsichtigen Klüngeleien und Vetternwirtschaften verfilzen können.

Die **2013 Chief Executive Study** der Londoner Managementberatung **Strategy&** (ehemals **Booz & Company**), die schon zum 13. Mal die Veränderungen in 2.500 Unternehmen dokumentiert, konnte bestätigen: Im Jahr 2013 verloren 12,3 Prozent der CEOs im deutschsprachigen Raum ihre Position, wobei in 65 Prozent der Fälle dieser Wechsel geplant war und sich 16 Prozent der betroffenen CEOs in Folge von Übernahmen und 19 Prozent ungeplant beziehungsweise unfreiwillig aus dem Amt verabschieden mussten. Mit einer Quote von 25 Prozent tauscht die Telekom-Industrie in Westeuropa ihre CEOs am häufigsten aus (Abbildung 1).

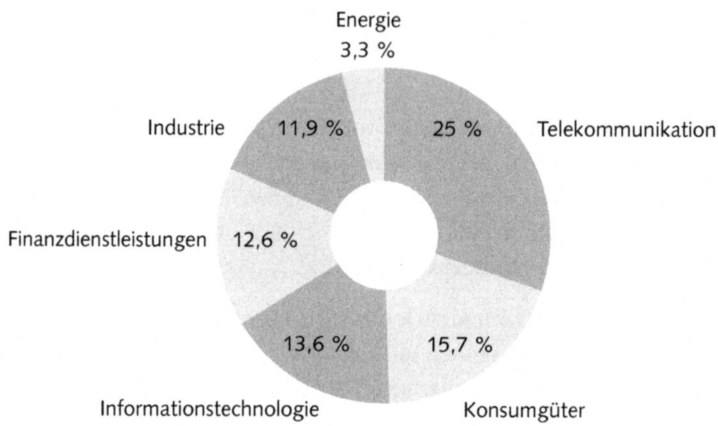

Abbildung 1: Fluktuationsrate CEOs in Westeuropa (in Prozent der Unternehmen) (Quelle: Strategy&)

Die Studie bezieht sich nur auf die Wechsel auf CEO-Ebene – und hier zeigt sich tatsächlich, dass in den deutschsprachigen Ländern weniger Wechsel stattfinden als zum Beispiel in den Wachstumsregionen Brasilien, Russland oder Indien. Dort liegt die Wechselquote bei mehr als 20 Prozent.

Auf den zweiten und dritten Führungsebenen dreht sich meiner Erfahrung nach das Personalkarussell deutlich schneller. Und schauen wir ganz nach oben, auf die Ebene der Vorstände, werden die Stühle noch hektischer gerückt: Die Gruppe der Vorstände erneuert sich einer Studie von Heidrick & Struggles zufolge hierzulande innerhalb von zwei Jahren zu zwei Dritteln (vgl. Hofmann 2014, S. 118).

Langfristige Partnerschaften mit Unternehmen gibt es häufig nicht mehr – denn diese Partnerschaften hängen immer an einzelnen Personen. Kommt ein neuer Entscheider, reißt dieser zumeist das komplette Netzwerk ab, um seine eigenen

Fäden neu zu knüpfen. Ich arbeite deshalb mit einzelnen Personen zusammen. Mit Playern. Weniger mit Marken. Doch zurück zu den Personalverantwortlichen in den Konzernen.

Die Angst sitzt mit am Tisch

Die HR-Abteilungen haben traditionell das Problem, dass zentrale Personalentscheidungen auf dem Golfplatz getroffen werden und nicht im Besprechungszimmer. Ganz spontan wird bei Führungspositionen auf das Repertoire an strukturierten Auswahlverfahren, das bei Besetzungen auf anderen Hierarchieebenen selbstverständlich eingesetzt wird, ebenso selbstverständlich verzichtet. So kommt es immer wieder zur Einstellung von Top-Managern mit einem vordergründig erfolgversprechenden Profil, die aber mit ihren Wertvorstellungen nicht ins Unternehmen passen. Oder doch nicht das gewünschte Wissen mitbringen. Oder mit den anderen Führungskräften nicht harmonieren. Oder zwar nach Erfolg aussehen, tatsächlich aber nicht viel mehr zu bieten haben als eine „dunkle Triade" aus Narzissmus, Psychopathie und Machiavellismus. Rüdiger Hossiep, der an der Ruhr-Universität Bochum im Bereich Eignungsdiagnostik lehrt und forscht, bringt die Zusammenhänge so auf den Punkt (vgl. Winkler 2013, S. 93):

> *„Für den Narzissten stehen Bewunderung und Selbstüberhöhung im Vordergrund, dem Psychopathen geht es um die Handlung selbst und er hat keine Angst vor den Konsequenzen und der Machiavellist will seine Ziele unter allen Umständen erreichen; er ist manipulativ und kennt keine Grenzen."*

Diese Eigenschaften werden einerseits von Führungskräften sogar erwartet, andererseits können genau diese Eigenschaften eine ganze Organisation in den Abgrund reißen (mehr dazu in Kapitel VI). Filmreif! Die Beispiele Lehman Brothers und Enron (beides verfilmt: „The Smartest Guys in the Room", 2006 und „Inside Job", 2011) sprechen Bände. Unter diesen Führungskräften sollen fähige Mittelmanager das Schlimmste abpuffern. Dass es schwer bis unmöglich ist, derartige Kandidaten zu finden, versteht sich von selbst. Nicht zuletzt deshalb sitzt Personalentscheidern die Angst im Nacken. Und so kommt es zu gravierenden Fehlern, die Unternehmen jedes Jahr eine Menge Geld kosten.

14 Gründe für Fehlbesetzungen

Ursachen für Fehlbesetzungen lassen sich auf zwei Ebenen ansiedeln: Einmal im System des Unternehmens selbst und zum anderen, da es sich bei Entscheidungen für oder gegen eine Person naturgemäß immer um eine sehr subjektive Angelegenheit handelt, auch auf der Ebene der Personaler.

Grund 1: Wunschlisten-Fehler

Wenn Unternehmen ein Profil für ihren Wunsch-Kandidaten entwerfen, gehen sie tendenziell von einem idealisierten Selbstbild aus. Nach dem Motto: „Wir sind ein junges, dynamisches Unternehmen, das High Potentials anzieht und mit diesen in den kommenden Jahren Asien erobern wird." Die Realität sieht aber oft anders aus. So macht das Unternehmen vielleicht eher schlechte Geschäfte und ist zudem starr und wenig dynamisch, so dass jeder Kandidat Marke „Junger Wilder" nach sechs Monaten entnervt das Handtuch wirft. Mit der versprochenen Versetzung nach Asien wird es auch nichts, weil die Firma nicht genug Kapazitäten für diesen Schritt hat. Was das Unternehmen wirklich bräuchte, ist ein mit allen Wassern gewaschener Trouble-Shooter über 60. Aber so einer ist nicht sexy und deshalb steht er nicht auf der Wunschliste.

Grund 2: Stallgeruch-Falle

Die meisten Personalverantwortlichen trauen den Kandidaten am ehesten etwas zu, die ihnen selbst oder dem Chef ähnlich sind. Ganz einfach deshalb, weil sie aus einem ähnlichen Milieu stammen, eine ähnliche Sprache sprechen, sich ähnlich kleiden und verhalten. **Habitus** nennen Soziologen dieses Set an Verhaltensweisen, Wert- und Stilvorstellungen (mehr dazu in Kapitel III).

Genau dieser Habitus ist der Grund, warum Sprösslinge aus großbürgerlichem Hause in die obersten Etagen der Konzerne aufsteigen können – andere aber nicht. Umgekehrt wählen Mittelständler lieber Führungskräfte aus der Mittelschicht. Der berühmte „erste Eindruck" sagt denn auch oft gar nichts über die Kompetenz eines Bewerbers aus, sondern vor allem etwas über seine Herkunft. So ist ein Vorstellungsgespräch immer auch ein Milieu-Check.

Was aber, wenn der Personalverantwortliche sich in dem Milieu, für das er arbeitet, selbst nicht heimisch fühlt? Dann kommt eine weitere Herausforderung hinzu: Führungskräfte, die bei Bewerbern einen bestimmten Eindruck hervorrufen wollen – smart, extrovertiert, eloquent zum Beispiel – verzerren durch diese Bemühung ihre eigene Wahrnehmung. Das zeigt eine Studie der **Central Michigan University** (Gibson/Poposki 2010) Genau die Eigenschaften, die sie selbst versucht hatten vorzutäuschen, bewerteten sie bei den Probanden besonders kritisch oder sprachen sie sogar ganz ab. Für mich heißt das: Muss ein Personalverantwortlicher sich schon selbst verbiegen, um den im Unternehmen gewünschten Habitus darzustellen, ist er nicht mehr in der Lage, einen Kandidaten auch nur annähernd zutreffend einzuschätzen.

Grund 3: Tunnel-Blick

Offenbar sind Personalverantwortliche oft nicht in der Lage, bei der Kandidatenauswahl den großen Überblick zu bewahren. Das zeigt eine Studie der **Wharton Business School Philadelphia, PA**. Die Wissenschaftler untersuchten mehr als 9.000 Protokolle von Jobinterviews, die zwischen 2000 und 2009 bei einer Hochschule durchgeführt wurden. Sie fanden heraus, dass die Personalverantwortlichen bei ihren Bewertungen nur Wettbewerber des jeweiligen Tages miteinander verglichen hatten, nicht aber die Kandidaten des laufenden Jahres im Blick behielten. Auch der Zeitpunkt der Interviews verzerrte das Ergebnis: Je später am Tag das Vorstellungsgespräch, desto schlechter die Bewertung der Personalverantwortlichen. Womöglich, so die Erklärung der Forscher, glaubten die Personalverantwortlichen nach mehreren Gesprächen mit guten Ergebnissen, dass nun doch einmal ein schlechter Kandidat fällig sein müsste (Simonsohn/Gino 2013).

Grund 4: Erster-Eindruck-Blindheit

Für den ersten Eindruck gibt es keine zweite Chance, so heißt es. Das kennen Sie von sich selbst: Sie begegnen einem Menschen und wissen innerhalb von Sekundenbruchteilen exakt drei Dinge: Erstens, ob Sie diesen Menschen mögen. Zweitens, ob Sie sich diesem Menschen ähnlich fühlen und, drittens, ob Sie ihn für kompetent halten (vgl. Barrick 2010).

Warum das so schnell geht, erklärt Joachim Bauer in seinem Buch **Warum ich fühle, was du fühlst**: Das System der **Spiegelneurone** ist die Grundlage für unsere Intuition. Diese Neurone liefern uns spontan und rasend schnell ein Bild der inneren Beweggründe unseres Gegenübers. So gewinnen wir tatsächlich einen intuitiven Eindruck unseres Gegenübers, bevor wir bewusst darüber nachdenken können. Unsere Intuition ermöglicht damit den Einstieg in eine spontane Kommunikation. Ob unser **erster Eindruck** allerdings „richtig" oder sogar „wahr" ist, das ist damit noch lange nicht gesagt (Bauer 2006). Viele Menschen glauben das allerdings.

Hat sich ein bestimmter erster Eindruck einmal festgesetzt, dann bleibt er auch. Warum das so ist, untersuchen Forscher schon lange. In den 1960er Jahren galt die These, dass nachfolgende Informationen über eine Person immer einen geringeren Einfluss haben als die ersten Informationen, die uns erreichen. In den 1970er Jahren glaubten Forscher, dass neue Informationen über eine Person, die mit dem ersten Eindruck nicht übereinstimmen, mit zufälligen Umständen oder besonderen Situationen „wegerklärt" würden. In den 1980er Jahren schließlich kam die Idee auf, dass wir das Verhalten einer Person immer in Abhängigkeit des ersten Eindrucks werten. Angenommen, jemand schlägt Ihnen auf die Schulter: Nach dem ersten Eindruck „netter Typ" empfinden Sie diesen Schlag als freundschaftlich, nach dem ersten Eindruck „arroganter Typ" aber als aggressiv. Es kommt also gar nicht zu widersprüchlichen Eindrücken, weil wir jedes Verhalten durch die eine Brille betrachten, die wir im Moment des ersten Eindrucks aufgesetzt haben. Diese „selbstbestätigende Funktion" des ersten Eindrucks konnten Forscher der Humboldt-Universität Berlin mittlerweile nachweisen (Gawronski et al. 2002).

Das heißt: Intuition ist eine Funktion unseres Organismus, die uns Kommunikation ermöglicht und für Ordnung in unserem Hirn sorgt. Mehr nicht! Für eine treffende Kandidatenwahl reicht diese Funktion nicht aus.

Grund 5: Halo-Effekt

Jeder von uns kann bei der Einschätzung eines Menschen verblendet sein. Und zwar durch ein ganz bestimmtes Merkmal, das alle anderen wie einen **Heiligenschein** (engl. **halo**) überstrahlt: So glauben wir zum Beispiel, dass ein besonders attraktiver Mensch auch weitere angenehme Eigenschaften besitzt, weil wir ihn immer **im Lichte** seiner Schönheit sehen. Bringt jemand ein Zeugnis einer renommierten Universität mit, so unterstellen wir vorab Intelligenz und Kompetenz. Kommt jemand von einem Automobilunternehmen mit Weltruf, so glauben wir: „Dieser Kandidat muss brillant sein." Es war der US-amerikanische Psychologe Edward Lee Thorndike, der derartige Beurteilungsfehler schon 1920 unter dem Begriff **Halo-Effekt** in die Psychologie eingeführt hat.

Grund 6: Konstrukt-Gläubigkeit

Menschen sind widersprüchlich, launenhaft, anfällig für Krisen und Neurosen aller Art. Niemand kann voraussagen, wann ihre Leistung durch die Decke geht und wann sie plötzlich einbricht. Das ist ganz normal. Und das ist schwierig für die Personalabteilung, die „einen Menschen einkaufen" muss, der im Unternehmen Werte schafft - zuverlässig. Schwammigkeit, Komplexität und Ambiguität haben da keinen Platz. Deshalb werden diese typisch menschlichen Eigenschaften oftmals wegdefiniert. Und zwar mit Konstrukten wie einem schönen Lebenslauf, guten Zeugnissen, tollen Ergebnissen bei IQ- oder Persönlichkeitstests, übersichtlichen Profilen hinsichtlich der Motivationen und Interessen, vielleicht sogar in Bezug auf die persönlichen Wertvorstellungen. Dass Lebensläufe getunt und Zeugnisse von den Kandidaten selbst formuliert werden, dass sich IQ-Tests trainieren und etliche Persönlichkeitstests manipulieren lassen, stört viele HR-Abteilungen nicht weiter. Schließlich geht es nicht darum, die inneren Realitäten des Kandidaten zu verstehen, sondern darum, seine äußeren Fiktionen und Versprechungen so in den Workflow des Unternehmens einzuspeisen, dass der zuständige Personalentscheider beruhigt seine Unterschrift setzen kann.

Solange sich aber ein Personalverantwortlicher mehr mit dem marktförmig gestylten Konstrukt befasst als mit dem Menschen, der ihm gegenüber sitzt, kann er den richtigen Kandidaten leider nicht finden.

Grund 7: Technik-Verliebtheit

Wenn wir **Software** hören, dann klingt **Lösung** gleich mit. Wobei die Software eigentlich gar kein Problem lösen, sondern nur etwas ausrechnen kann. Im Moment arbeiten Wissenschaftler der Hochschule für Ökonomie und Management (FOM) in München jedenfalls an einer **Software-Lösung,** mit der Unternehmen prüfen können, ob ein Bewerber zur Firmenkultur passt (www.fom.de/efficientrecruiting). Wenn der Bewerber zustimmt, soll das Programm dessen Social-Web-Beiträge auswerten und auf dieser Basis ein Persönlichkeitsprofil erstellen. Anhaltspunkte sollen etwa der Umfang der auf den Plattformen abgesetzten Informationen sein, außerdem die Wortwahl. Dahinter steht die Idee, dass sich die Persönlichkeit eines Bewerbers im Social Web niederschlägt. Der Gebrauch abfälliger Wendungen soll zum Beispiel auf emotionale Instabilität hinweisen. Ist das wirklich so? Sind Social-Web-Aktivitäten automatisch authentisch? Wird hier möglicherweise mit einer Maschine versucht, etwas dingfest zu machen, das sich nicht messen lässt? Nun: Das Projekt wird vom Bundesministerium für Bildung und Forschung mit 310.000 Euro gefördert und läuft bis Juni 2016. Ich bin gespannt. Und ich wundere mich.

Grund 8: Absurde Tests

Weil Menschen so etwas sind wie **Blackboxes**, in die man nicht hineinschauen kann, arbeiten Personalverantwortliche mit allen Tricks und Tücken am HR-Röntgenblick. Zu den besonders beliebten Methoden gehören Persönlichkeitstests. Zwar ist bekannt, dass zahlreiche der über 500 Tests, die allein im deutschsprachigen Raum kursieren, nicht viel mehr aussagen als Horoskope, trotzdem ist es den Unternehmen lieber, vorab mit Typenbezeichnungen, Farbcodes oder Buchstabenkombinationen etikettierte Puzzleteile einzustellen als Menschen ohne Schubladen-Kennzeichnung. Praktisch: Viele Testprogramme werten die (auf den vom Arbeitgeber erwünschten Eindruck hin optimierte) Selbsteinschätzung der Kandidaten binnen Sekunden aus. Das erscheint effektiv und effizient und bringt außerdem scheinbare Sicherheit. Tatsächlich gibt es nicht den einen Test, der alle Fragen beantwortet. Und eine Testauswertung, die wirklich etwas bringen soll, ist eine sehr aufwändige Angelegenheit.

Grund 9: Ergebnislose Interviews

Eine der merkwürdigsten Studien, die ich zum Thema Recruiting gelesen habe, trägt den Titel **Messen Einstellungsinterviews das, was sie messen sollen?** Der Titel lässt das Ergebnis der an der Universität Zürich durchgeführten Studie schon erahnen: Strukturierte Einstellungsinterviews sind nicht geeignet, die Dimensionen valide zu erfassen, die sie eigentlich erfassen sollen. Selbst dann nicht, wenn pro zu erfassender Dimension mehrere Fragen gestellt werden. Immerhin: In diesen Interviews zeigt sich, ob Kandidaten die relevanten Anforderungs- und Beurteilungsdimensionen überhaupt erkennen, um die es in den einzelnen Fragen geht. Dies erklärt den Schweizer Forschern zufolge die prognostische Validität, die strukturierte Interviews offenbar trotz allem mitbringen (Melchers 2004).

Grund 10: Theater-Falle

Zum Thema „strukturiertes Interview" gibt es noch einen weiteren Fallstrick. Auf Seite der Unternehmen wurden Einstellungsinterviews in den vergangenen Dekaden immer weiter professionalisiert und standardisiert. Parallel dazu erschien eine Flut von Ratgebern für Bewerber mit vorgestanzten Antworten auf ebendiese vorgestanzten Fragen. Weil beide Seiten ihre Texte auswendig lernen – man will ja erfolgreich aus dem Gespräch gehen – haben sich Bewerbungsgespräche vielerorts zu einer Sonderform des Laientheaters entwickelt. Jeder spielt brav seine Rolle, am Ende hat man die Vorstellung einigermaßen ohne Patzer überstanden, aber keiner hat den anderen wirklich kennengelernt. Zeitverschwendung! Das ist nicht nur mein persönlicher Eindruck, das bestätigt auch eine aktuelle Studie der Universitäten Zürich und Saarland. Den Forschern zufolge schneiden die Bewerber am erfolgreichsten ab, die die Erwartungen der Recruiter in Hinsicht auf deren **strategic self-presentational behavior** in der Situation Vorstellungsgespräch am besten erfüllen (Jansen; König et al. 2012).

Grund 11: Arbeitsproben-Unfug

In manchen Unternehmen herrschen problematische Vorstellungen darüber, wie man Kandidaten findet. So suchte ein mittelständisches Maschinenbau-Unternehmen einen neuen Kommunikationschef. Aberwitziger Weise kam der Entscheider auf die Idee, von viel versprechenden Kandidaten Arbeitsproben anzufordern. Arbeitsproben! Es ist doch eigentlich klar, dass sich die Leistungsfähigkeit eines Kandidaten nicht an den Broschüren des Hauses ablesen lässt. Was sagt denn ein Hochglanzprodukt über die Passung einer Führungskraft in ein Unternehmen aus? Richtig: Nichts! Die guten Ideen können von begabten Mitarbeitern stammen oder das Ergebnis einer überzeugenden Corporate Identity sein, die an ganz anderer Stelle entwickelt worden ist.

Grund 12: Diversity ist anstrengend

Dass heterogene Teams sehr viel innovativer, kreativer und produktiver sind als homogene Teams, konnte in zahlreichen Studien nachgewiesen werden. Fakt ist aber auch: Wenn sich Teams aus Menschen zusammensetzen, die sich aufgrund ihres Alters, ihrer Nationalität, ihres sozialen Milieus, ihres Geschlechts und ihrer Persönlichkeit stark unterscheiden, kommt es auch zu mehr Reibung und Konflikten. Da ist die Versuchung für Personalverantwortliche groß, einen Bogen um Diversity zu machen – und stattdessen die immer gleichen „Typen" einzustellen. Dass diese tendenziell weniger Leistung bringen als ein gemischtes Team, wird mangels Vergleichsgruppe ohnehin nicht sichtbar. Und dass sie sich nicht streiten, ist für das Unternehmen durchaus angenehm.

Grund 13: Fehlendes Out-of-the-Box-Denken

Wenn ich Positionen besetze, bereite ich **beide** Seiten intensiv auf den Prozess vor: Unternehmen und Kandidaten. Das Unternehmen, indem ich es aufkläre, dass es Superhelden zwar in Comics, aber nicht im realen Leben gibt und dass der Kandidat mit einer auf den ersten Blick nicht ganz überzeugenden Vita doch eine nähere Beschäftigung lohnen kann: weil er zum Beispiel Potenzial hat, weil er Ehrgeiz hat, weil er bewusst einen anderen Weg gegangen ist, weil er gerade deshalb für die zu besetzende, schwierige Position der ideale Kandidat ist. Das ist gelebtes Out-of-the-Box-Denken.

Und den Kandidaten bereite ich vor, indem ich ihn davon überzeuge, dass die zu besetzende Position zwar auf den ersten Blick nicht nach **big shot** aussieht, dass aber sowohl das Unternehmen als auch das kulturelle Umfeld genau richtig für seinen nächsten Karriereschritt sein können. Auch das ist gelebtes Out-of-the-Box-Denken.

Zum Schluss gilt es zu überprüfen, ob beide Seiten, und zwar auch unabhängig von ihren Anforderungsprofilen, zueinander passen. Meiner Erfahrung nach verschenken Unternehmen viele Chancen, weil sie sich zu früh auf eine bestimmte Vorstellung versteifen und ihnen dann der Blick aus der Box heraus nicht mehr gelingt. So kommt es immer wieder dazu, dass brillante Kandidaten nicht erkannt und folglich nicht eingestellt werden.

Grund 14: Kein Mut zum Ja-Wort

Hohe Ansprüche – kein Mut. Dass Unternehmen zu langsam und zu zögerlich entscheiden, wenn es um Stellenbesetzungen geht, zeigt eine Befragung des Bundverbandes der Deutschen Unternehmensberater e.V. (BDU) aus dem Jahr 2013: Einerseits wünschen sich viele Unternehmen eine möglichst schnelle Besetzung vakanter Positionen: Rund 90 Prozent der 180 befragten Berater gaben sogar an, dass die Erwartungen an das Tempo der Prozesse gestiegen sind. Gleichzeitig aber schieben die Unternehmen ihre Entscheidungen lange hinaus, klagten 76 Prozent der Studienteilnehmer. Die Folge: Gute Kandidaten springen wieder ab, die Suche verlängert sich, die Kosten für eine Stellenbesetzung steigen weiter.

Gleichzeitig bedeutet ein endlich gegebenes Ja-Wort nicht, dass das Personalkarussell in Ruhestellung gebracht werden kann. In der BDU-Studie „Personalberatung in Deutschland 2013/2014" gaben 71 Prozent der befragten Berater an, dass sie eine weiter abnehmende Verweildauer des Top-Managements in deutschen Unternehmen erwarten. Zwei Drittel der Studienteilnehmer konstatierten, dass „die Loyalität und Identifikation der Personalberater-Kandidaten mit ihren jeweiligen aktuellen Arbeitgebern in den letzten Jahren merklich abgenommen hat."

Fakt ist: Die Besetzung einer Stelle ist für interne wie für externe Personalverantwortliche eine sehr zeitaufwändige und fehleranfällige Aufgabe, die in vielen Fällen zu keiner langfristigen Lösung führt. Jeder, der sich einmal intern um eine Stellenbesetzung gekümmert hat, wird das bestätigen können.

- Zuerst muss eine interne Verständigung darüber erfolgen, wer exakt für welche Aufgabe gesucht werden soll.
- Dann gilt es, eine Suchstrategie abzustimmen: Anzeigen in Printmedien, Online-Anzeigen, interne Stellenausschreibung? Heute sind viele Wege möglich. Die Strategie sollte zum suchenden Unternehmen, aber auch zur Zielgruppe passen. Die Automotive- und Maschinenbau-Branche stellt sich hier zum Beispiel „handfester", aber auch innovativer dar als die eher diskret und abstrakt arbeitende Finanzwirtschaft.
- Nach der Veröffentlichung des Gesuchs gehen je nach Attraktivität der ausgeschriebenen Position einige Dutzend oder mehrere Hundert Online-Bewerbungen ein. (Die Zeit der mit Postmappen überquellenden Wäschekörbe in den Personalabteilungen ist längst vorüber.)
- Früher ein riesiges Problem – heute durch die Verlagerung auf Online-Medien etwas entschärft: Das Telefon klingelt pausenlos, weil Bewerber sich auch über diesen Kanal in Position zu bringen versuchen.
- Die eingetroffene Flut der Bewerbungsunterlagen muss ausgewertet werden – eine langwierige Prozedur.
- Es folgen Vorgespräche per Telefon.
- Dann die Abstimmung der Bewerbungsgespräche im Haus.
- Zumeist in mehreren Runden.
- Schließlich erfolgt die Verständigung auf eine Person.
- Dann die Vertragsverhandlungen und der Vertragsabschluss, sofern der Wunschkandidat oder die Wunschkandidatin nicht zwischenzeitlich bei der

Konkurrenz angeheuert hat – was sehr häufig vorkommt, wenn sich die internen Abstimmungsprozesse in die Länge ziehen.

- Schlussendlich gilt es, für einen vernünftigen Onboarding-Prozess zu sorgen, damit der Neuzugang nicht nach wenigen Wochen das Handtuch wirft.

Angesichts des hohen Komplexitätsgrads und ebenso hohen Kommunikationsaufwands ist es kein Wunder, dass viele Einstellungsprozesse mit einem Fehlgriff enden oder sogar komplett scheitern. Jede Einstellung erfordert unendlich viel Mühe, Kleinarbeit, Sorgfalt und Spürsinn. „Wenn Sie dann noch später feststellen müssen", so das Beraterteam Hesse/Schrader, „nur bei jeder zweiten Personalentscheidung richtig gewählt zu haben, ist es nachvollziehbar, warum sich Unternehmen an eine Personalberatungsfirma wenden." (Hesse/Schrader 2006, S. 17)

Wann Headhunter ins Spiel kommen

Neben der hohen Fehleranfälligkeit der internen Personalsuche gibt es weitere Gründe dafür, warum Unternehmen einen Personalberater, klarer gesagt: einen Headhunter beauftragen.

- Neben den per Direktansprache gefundenen Kandidaten verfügen externe Personaldienstleister häufig über einen handverlesenen Bewerberpool. So finden externe Berater deutlich schneller deutlich bessere Kandidaten. „Der Einsatz eines Beraters ist in diesem Sinne als Kapazitäts- und/oder Kompetenzerweiterung für die Personalabteilung des Unternehmens zu sehen." (Eckelt 2014a, S. 116)
- Vor allem Unternehmen mit wenig entwickelten Arbeitgebermarken, mit wenig attraktiven Standorten oder mit Bedarf an schwer zu findenden Spezialisten haben ohne die Hilfe externer Personalspezialisten kaum eine Chance, überhaupt die so dringend notwendigen Kräfte zu finden.
- Ein weiterer Punkt ist die von einem Headhunter garantierte Diskretion. Dies wird dann bedeutsam, „wenn ein Unternehmen wegen Unzufriedenheit mit einem Mitarbeiter bereits vor dessen Kündigung nach einem Nachfolger suchen möchte." (Eckelt 2014a, S. 117).
- Nicht zuletzt erhoffen sich Unternehmen einen strategischen Vorteil, wenn es ihnen gelingt, leistungsstarke Spezialisten oder Führungskräfte von ihren Konkurrenten abzuwerben und in die eigenen Reihen einzugliedern.

Gleichzeitig gilt: Auch externe Executive Search Consultants sind keine Superhelden. Doch sind sie vor manchen Fallstricken sicher, weil sie eine andere Rolle spielen als interne Personalverantwortliche. Und weil sie deshalb ganz anders arbeiten können als diese.

Warum Headhunter die besseren Kandidaten finden

Es klingt wohl ein wenig anmaßend, wenn ich sage: Ich finde die richtigen Kandidaten für die Unternehmen und die Unternehmen finden sie nicht. Ich behaupte sogar, sie können sie mit ihren Methoden gar nicht finden. Wie komme ich zu dieser Behauptung?

Headhunter sind unabhängig

Ein interner HR-Manager hat einen schwierigen Job: Wenn er den richtigen Mann oder die richtige Frau für die zweite Führungsebene finden soll, steht er in einem Wald von unterschiedlichen Anforderungen, die er überhaupt nicht erfüllen kann. So will der Vorstandsvorsitzende einen jung-dynamischen Typen, der besonders schneidig daher kommt und mit harter Hand durchgreift. Die Basis aber bräuchte eher einen erfahrenen Silberrücken mit breitem Kreuz und viel Geduld. Die Personalabteilung hantiert mit einer bruchstückhaften und ziemlich veralteten Stellenbeschreibung. Die Marketingabteilung besteht auf einer Anzeigenschaltung nach Schema F. Und unter den eintrudelnden Bewerbungen befindet sich niemand, der auch nur annähernd auf den Job passt. Zufällig ist vielleicht ein junger, schneidiger Typ dabei, der dem Vorstand gefallen könnte. Weil der Personalverantwortliche seinen Job behalten will, stellt er eben den ein – obwohl ihm von vorneherein klar ist, dass das auf Dauer nicht gut gehen wird. Dieses Problem habe ich als Headhunter nicht.

- Ich bin unabhängig – kann also einen Suchauftrag annehmen oder auch nicht. Ich muss auf die internen bürokratischen Strukturen und auf die Befindlichkeiten einzelner Abteilungsfürsten keine Rücksicht nehmen.
- Ich werde für meinen Erfolg bezahlt und weiter empfohlen – bin also daran interessiert, dass ein Bewerber wirklich auf eine Stelle passt.

- Ich verstehe mich selbst nicht als Erfüllungsgehilfen einer Personalabteilung oder eines Vorstands, sondern als Berater auf Augenhöhe. Wenn ich die geäußerten Vorstellungen für problematisch halte, dann diskutiere ich das.
- Ich bin nicht auf eingehende Bewerbungen angewiesen, sondern entwickele eine eigene Strategie, wen aus meinem Netzwerk ich wann, wie und wo anspreche. So agiere ich eher als anspruchsvoller „Perlentaucher“ denn als Massenvermarkter stromlinienförmiger Industrieschauspieler.

Headhunter blicken von außen auf das System

Als externer Berater sehe ich vieles, was von außen nicht sichtbar ist. So bilden sich in vielen Unternehmen **Stereotype** heraus: Bei einem bekannten Maschinenbau-Unternehmen sind die Mitarbeiter zum Beispiel erstaunlich gut aussehend, extrem gut gekleidet und überdurchschnittlich durchtrainiert. Bei einem anderen dominiert der gemütlich-hemdsärmelige Typ im Karo-Hemd. Natürlich haben diese Äußerlichkeiten überhaupt nichts mit der Leistungsfähigkeit des Gesamtunternehmens oder eines Mitarbeiters zu tun. Haben sich solche Stereotype einmal eingeschlichen, entwickeln sie eine Eigendynamik, die aus der Innenperspektive zumeist nicht wahrgenommen wird. Weil ich aber von außen darauf blicke, bleibe ich frei:

- Ich kann meine Beobachtung mit den Entscheidungsträgern diskutieren und für eine größere Offenheit plädieren.
- Und ich kann den Kandidaten auf das erwartete Idealbild einstimmen und ihn, wenn er sich für eine Position wirklich interessiert, bei der **Optimierung seines Erscheinungsbildes** unterstützen.

Headhunter spielen ein anderes Spiel

Offiziell lernen Personalverantwortliche ihre Kandidaten in einem Vorstellungsgespräch kennen. Sie schauen sich das Auftreten an, die Persönlichkeit, die Kompetenzen. Es ist tatsächlich eine Art **beauty contest** oder **Deutschland-sucht-den-Superstar-Show** garniert mit etwas sokratischem Dialog, um die Marktförmigkeit des Vorgangs zu verschleiern und die Sache für alle Beteiligten angenehmer zu machen. Dennoch sind manche Gespräche den billigen Fernsehstar-Casting-Shows erschreckend ähnlich und stehen diesen auch in puncto Peinlichkeit in nichts nach.

Wenn wir genauer hinschauen, sehen wir unter diesem an sich schon unangenehmen Vorgang einen noch weitaus unangenehmeren verborgen, der bei vielen Unternehmen weniger, bei einigen aber völlig unverblümt hervortritt: Ein Vorstellungsgespräch im Unternehmen ist immer auch ein **Initiationsritus**.

Sicherlich kennen Sie Berichte von Aufnahmeriten bei archaischen Völkern, unter mittelalterlichen Rittern, aber auch in heutigen Jugendkulturen. Solche Riten werden vollzogen, wenn ein Kandidat von einem Status in den nächsten Status aufsteigt. Vom Jungen zum Mann. Vom Knappen zum Ritter. Vom Otto-Normal-Jugendlichen zum ausgewählten Geheim-Gang-Mitglied.

Was diese Riten verbindet, ist eine gewisse Brutalität: Da wird mit Angst und Schrecken, mit Mutproben und Demütigungen gearbeitet. Warum? So zeigt der Kandidat, was er kann und was er für seinen Statusgewinn zu ertragen bereit ist. Interne Vorstellungsgespräche arbeiten sehr gerne mit den gleichen Mitteln wie archaische Aufnahmeprozeduren, wobei das natürlich niemand offen sagt. Und doch ist es so:

- Mit unlösbaren Brainteasern zum Beispiel wird einem Kandidaten dessen hoffnungslose **Unterlegenheit** vorgeführt.
- Vor einem vielköpfigen Gremium wird ein Kandidat gezielt so **exponiert**, dass sich Gefühle der **Peinlichkeit** einstellen.
- Ziel ist die **Beschämung** des Kandidaten.

Das ist übertrieben, finden Sie? Überhaupt nicht. Es ist ein probater Test mit einem klaren Ziel. Der Frankfurter Soziologe Sighard Neckel erklärt dies in seinem Buch **Status und Scham** so: „Die Schamangst vor einem Versagen in der Aufnahmeprozedur wird dem Probanden auferlegt, weil sie die implizite Anerkennung der gruppenspezifischen Normen enthält" (zit. nach Jacoby/Vollmers 2014, S. 89). Wer in die neue Statusgruppe aufgenommen werden will, muss sich deren Regeln unterwerfen. Das Prinzip ist in einem afrikanischen Clan genau das gleiche wie bei einem deutschen Konzern.

Da ich als Headhunter aber selbst kein Vertreter dieser neuen Statusgruppe bin, sondern gewissermaßen nur deren verlängerter Arm, gelten in meinen Vorstellungsgesprächen andere Gesetze:

- Ich beschäme meine Kandidaten nicht mit Initiationsriten – sondern teste lediglich deren Standfestigkeit mit gezielten Provokationen.

- Anschließend bereite ich meine Kandidaten auf die Initiationsriten vor, die in jedem Unternehmen etwas anders aussehen.

Headhunter verbinden Systeme

Wir leben in einer Denkwelt, die von der Idee der Messbarkeit durchsetzt ist. Komplett. So ist eine gute Nachwuchs-Führungskraft für uns jemand, der pro Jahr mindestens 100.000 Euro verdient, dessen Armbanduhr mindestens 5.000 Euro gekostet hat, der im Assessment-Center in allen Disziplinen 100-prozentig überzeugt und jeden Abschluss mit einer 1,0 gemeistert hat. Wir meinen, so etwas wie Macht, Führungsstärke, Durchsetzungsfähigkeit, Kommunikationsfreude und Kreativität haften einer Person per se an. Deshalb glauben wir auch, es gebe so etwas wie eine „richtige" oder eine „gute" Führungskraft.

Doch das ist unkomplex gedacht. Wir alle haben schon erlebt, wie eine junge Führungskraft im Zusammenspiel mit einem starken Mentor, mit Rückendeckung aus dem Top-Management und einem sehr starken Team über sich hinauswachsen kann. Genauso gut kennen wir den umgekehrten Fall: Ein viel versprechendes Talent geht ein wie eine Primel, weil das System ihm keine Macht zugesteht und ihm jeden Raum nimmt, Beziehungen zu gestalten. Den „sehr guten" Kandidaten gibt es nicht. „Gut" ist kein Merkmal einer Person. „Sehr gut" entsteht lediglich in einem spezifischen Kontext mit Personen und ihren Beziehungen, Aufgaben und Rahmenbedingungen. Deshalb analysiere ich im Vorfeld der Kandidatensuche nicht nur die Kultur eines Unternehmens, sondern auch die des einzelnen Bereichs und die Kultur, die im Umfeld bestimmter Führungskräfte gelebt wird.

Eine professionelle Casting-Expertin hat es einmal so auf den Punkt gebracht:

> *„So eine Besetzung ist wie ein Mobile, es hat mit der Wechselwirkung der Kräfte zu tun, mit Konstellationen, mit der Art des Spiels."*
>
> Nina Haun, Casting Director, UFA FICTION

Deshalb suche ich nicht einfach nach einem Kandidaten mit dem Gütesiegel „sehr gut".

- Ich suche nach der perfekten Passung zwischen Unternehmen und Kandidat.
- Auf der einen Seite verstehe ich den ökonomischen Kontext und den Führungskontext in einem Unternehmen so genau wie möglich.

- Auf der anderen Seite analysiere ich so präzise wie möglich, wie „mein“ Kandidat tickt, was ihn antreibt und in welchem Kontext er am wahrscheinlichsten über sich hinauswächst.
- Ich beschönige nichts: Dem Unternehmen beschreibe ich genau, was für, aber auch, was gegen den Kandidaten spricht. Und dem Kandidaten berichte ich ungeschminkt, was ihn im Unternehmen erwartet.
- Dann verbinde ich beide Systeme.

Diese Systeme kann ich nur verstehen, wenn zwei Punkte gegeben sind: Erstens: Ich muss die Unternehmenskultur mit ihren bereichstypischen Schattierungen kennen. Ich muss auch die damit verbundenen Spielregeln kennen. Bevor wir zur Analyse der Unternehmen und der Kandidaten kommen, sehen wir uns deshalb zuerst die wichtigsten Regeln rund um Status und Macht an.

Zweitens: Systeme können nur dann verbunden werden, wenn ein vertrauensvolles und offenes Verhältnis zwischen Unternehmen und Headhunter besteht. Eine langjährige, offene, partnerschaftliche und vertrauensvolle (Geschäfts-)Beziehung ist daher unabdingbare Voraussetzung für eine erfolgreiche Platzierung von Kandidatinnen und Kandidaten.

Erstes Fazit

Interne Personalverantwortliche befinden sich in einer schwierigen Situation.

- Einerseits fehlen die interne Wertschätzung ihrer Arbeit und die strategische Einbindung im Unternehmen.
- Andererseits haben viele Unternehmen eine hohe Anspruchshaltung bezüglich der Leistungsfähigkeit ihrer Personalabteilungen. Sie erwarten die Einstellung idealisierter und zugleich stereotyper Wunschkandidaten, die es am Markt in der erhofften Anzahl faktisch nicht gibt.
- Kandidaten, die dem Wunschprofil immerhin nahe kommen, können die überzogenen Erwartungen der Geschäftsführung regelmäßig nicht erfüllen. Denn auch der beste Kandidat ist nicht dazu in der Lage, die strukturellen Herausforderungen und Spannungsfelder der globalen Ökonomie auszuschalten.

- Funktioniert die Zusammenarbeit mit einem neuen Kandidaten trotz der schwierigen Rahmenbedingungen gut, lässt sich dieser oft nicht langfristig an das Unternehmen binden.
- Grund dafür ist eine durch die sich beschleunigenden, globalen Veränderungen der Wirtschaft bedingte, insgesamt abnehmende Loyalität.
- Außerdem Schwierigkeiten im Umgang mit einem Top-Management, dem ein adäquater Umgang mit Macht und Erfolg oftmals nicht ausreichend gelingt.

Für Personalverantwortliche heißt das: Misserfolge bei der Kandidatenwahl sind häufig strukturell bedingt und keine persönlichen Fehlentscheidungen. Leider lässt sich dies im Unternehmen oft nur schwer kommunizieren. Eine interne Diskussion über die beschriebenen Spannungsfelder kann für alle Beteiligten entlastend wirken. Ziel der Diskussion sollte die Erkenntnis sein, dass sich die Spannungsfelder nicht **lösen** lassen, sondern dass Wege gefunden werden müssen, um möglichst erfolgreich mit ihnen **leben** zu können.

▶ **Die internen Prozesse und Methoden der Kandidatenwahl machen diese hochgradig fehleranfällig.** Dafür gibt es mehrere Gründe.

- **Eine unrealistische Selbsteinschätzung des Unternehmens** führt immer zu einer falschen Einschätzung des Profils, das ein zu suchender Kandidat mitbringen sollte.
- Ein weiterer Grund liegt in einer **Scheu vieler Unternehmen vor Heterogenität**, obwohl **Diversity** nachweislich zu größerer Innovationsfähigkeit führt. Nicht zuletzt kommt es durch das langwierige Aushandeln zahlloser interner Ansprüche und Befindlichkeiten dazu, dass erfolgversprechende Kandidaten wieder abspringen und weniger erfolgversprechenden eine Zusage erteilt werden muss.
- **Der typische Ablauf interner Bewerbungsverfahren** führt regelmäßig dazu, dass Personalverantwortliche nur mühsam den Überblick über die Eignung der zahllosen Kandidaten wahren, dass sie mit ihren fest vorgegebenen Fragenkatalogen relevante Dimensionen nicht erfassen und dass sie die Eignung von Kandidaten durch deren perfekte Vorbereitung auf die bekannten Fragenkataloge nicht oder nur sehr unzureichend erkennen können. Erfahrungsgemäß erlauben auch computergenerierte Testergebnisse, Zeugnisse und

Arbeitsproben keine sichere Einschätzung, ob ein Kandidat seine Aufgaben erfüllen kann und ob er zum Unternehmen passt oder ob das nicht der Fall ist.

- **Das „Lesen" von Kandidaten ist per se ein schwieriges Unterfangen.** Fehler oder Unschärfen bei der Einschätzung von Gesprächspartnern sind der Normalfall – wie sollte es auch anders sein, wenn komplexe, tendenziell schon in sich selbst widersprüchliche, subjektiv wahrnehmende Menschen aufeinander treffen. Wie alle Menschen bevorzugen auch Personalverantwortliche typischerweise solche Gesprächspartner, die ihnen selbst oder relevanten Personen aus ihrem Umfeld ähnlich sind. Außerdem solche, die ihnen „auf den ersten Blick" geeignet erscheinen, oder solche, bei denen ein einziges positives Merkmal alle anderen Merkmale überstrahlt („Halo-Effekt").

Für Personalverantwortliche heißt das: Im Rahmen Ihrer Möglichkeiten sollten Sie auf eine realistische Selbsteinschätzung des Unternehmens hinarbeiten. Im Zweifelsfall mit Hilfe externer Berater, die das Gesamtgefüge aus einem größeren Abstand betrachten und aufgrund ihrer besonderen Rolle auch unangenehme Erkenntnisse leichter aussprechen können.

Das Thema Diversity lässt sich nicht bearbeiten, indem man es ignoriert. Versuche mit mehr Heterogenität können zu überraschend guten Ergebnissen führen – vor allem dann, wenn Teambuilding groß geschrieben und Konfliktmanagement nicht unter den Teppich gekehrt wird. Auch hier kann externe Unterstützung hilfreich sein, allerdings nur dann, wenn **kein** abstrakter Powerpoint-Methodenunterricht nach Schema F abgehalten, sondern **am konkreten Fall gearbeitet** wird.

Haben Sie Zweifel bezüglich der Sinnhaftigkeit und Effizienz ihrer Personalauswahlstrategien? Dann sprechen Sie dies intern an. Auch wenn Ihre Instrumente auf den ersten Blick sehr gut ineinandergreifen, kann dies nur ein Zeichen dafür sein, dass der interne Prozess geschmeidig läuft. Das heißt aber noch nicht, dass er auch gute Ergebnisse bringt. Hier kann es sich lohnen, neue Wege auszuprobieren – auch wenn dies jedem Lehrbuch widerspricht. Treffen Sie Ihre Kandidaten doch einmal in einem anderen Setting, stellen Sie andere Fragen, steigen Sie aus dem üblichen Bewerbungstheater aus.

▶ **Die Wahl von Kandidaten für Führungspositionen ist eine strategisch äußerst sensible Angelegenheit.**

- Diese muss in den meisten Fällen hinter den Kulissen abgewickelt werden, damit konkurrierenden oder mit einem Unternehmen anderweitig verbundenen Unternehmen die Möglichkeit genommen wird, den mit einem Führungswechsel typischerweise verbundenen Moment der Schwäche zum eigenen Vorteil auszunutzen.
- „Hinter den Kulissen" bedeutet oftmals, dass Führungspositionen ohne Wissen der internen Personalverantwortlichen besetzt werden – und zwar bei privaten Treffen der Top-Player. Dass derartige Personalentscheidungen alles andere sind als Ergebnisse strukturierter Verfahren, versteht sich von selbst. Unter Seinesgleichen stellt man sich keine provozierenden Fragen, wenn man anschließend zusammen arbeiten will. Kein Wunder also, wenn so „unter Gentlemen" ausgewählte Kandidaten zwar die richtigen Beziehungen und den richtigen Habitus, aber nicht die erhofften Leistungen bringen und gegebenenfalls genauso geräuschlos und **undercover** entsorgt werden müssen, wie sie an Bord gekommen sind. Oft zu einem hohen Preis, der nicht zuletzt den Sinn hat, einen Gesichtsverlust des verantwortlichen CEOs oder Geschäftseigentümers zu verhindern.

Für Personalverantwortliche heißt das: Schaffen Sie Bewusstsein für die Notwendigkeit des diskreten Agierens. Aber auch für die Folgen derartiger Fehlentscheidungen. Hier können gezielte Beratungen durch externe Experten sinnvoll sein. Erstaunliche Wirkungen lassen sich auch durch das Lancieren entsprechender Studien oder Berichte über die Pressestelle in die Hauspost der Führungsspitze erzielen.

▶ **Executive Search Consultants agieren außerhalb interner Zwänge, haben Zugriff auf interessantere Kandidaten, arbeiten mit anderen Auswahlstrategien und erzielen deshalb die besseren Ergebnisse.**

- Externe Headhunter müssen und sollten nicht klaglos die Anforderungsprofile der Unternehmen entgegennehmen. Die Herausforderung besteht darin, noch vor dem Suchprozess sehr exakt nachzufragen, sehr präzise hinzuhören und sehr genau zu verstehen, was das Unternehmen wirklich braucht.

- Externe Headhunter sind nicht auf eingehende Bewerbungen angewiesen, sondern können den Pool der interessanten Kandidaten selbst abstecken.
- Sie müssen auf interne Befindlichkeiten weniger Rücksicht nehmen als dies bei internen Personalabteilungen der Fall ist. Und zwar, weil sie nur ihrem eigenen Auftraggeber im Unternehmen (typischerweise ist das der Geschäftsführer) verpflichtet und darüber hinaus nicht von einem Unternehmen existenziell abhängig sind.
- Weil Executive Search Consultants gewissermaßen außerhalb des Spielfelds (um nicht zu sagen: Schlachtfelds) agieren, können sie kritisch und nüchtern vorgehen. Im Gespräch brauchen sie nicht darauf zu achten, ob ein möglicher Kandidat sein Gesicht wahren kann – falls er es nicht kann, wird dies niemand erfahren. Sie können vielmehr – meiner Meinung nach **sollten** sie sogar – provozieren, hart diskutieren, Widersprüche aufdecken, Konventionen auf den Kopf stellen, Masken abreißen.

Für Personalverantwortliche heißt das: Allein durch die abweichenden Verfahren und offeneren Rahmenbedingungen haben externe Headhunter eine größere Treffsicherheit und eine höhere Erfolgsquote bei der Kandidatensuche – eine Kooperation mit einem entsprechenden Experten kann sich für das Unternehmen langfristig als sehr erfolgreich herausstellen. Entscheiden Sie sich gegen eine Beauftragung eines externen Executive Search Consultants, so haben doch auch Sie die Möglichkeit, auf die Vorteile des Active Sourcings zurückzugreifen. Und mehr noch: Auch Sie können sich die Freiheit nehmen, sensible Vorstellungsgespräche außerhalb des Unternehmens zu führen – etwa in Flughäfen, Hotels oder anonymen Konferenzzentren.

II Eine verschwiegene Branche

Der Begriff „Headhunter" heißt ursprünglich „Kopfjäger" und verweist auf die blutige Tradition der Kopfjagden, die so alt ist wie die Menschheit selbst und die bis heute von einigen Naturvölkern betrieben wird. In deren Logik können Krieger, die einen Kopf erbeuten, auf eine magische Wirkung ihrer Trophäe hoffen. Der Kopf erschreckt Gegner und steigert das eigene Ansehen.

Natürlich rollen heute keine Köpfe im Wortsinne mehr, dennoch erhoffen Unternehmen auch heute noch magische Fähigkeiten von frisch erbeuteten Köpfen und haben auch nichts dagegen, wenn Mitbewerber angesichts eines neuen Stars in den eigenen Reihen respektvoll zusammenzucken. Manch ein Kandidat ersehnt den Anruf eines Headhunters ebenfalls in der Erwartung, dieser werde seine Karriere wundersam zum Besseren wenden.

Executive Search hat tatsächlich wenig mit Magie zu tun, sehr viel aber mit einer hoch spezialisierten Dienstleistung. Diese definiert Dieter Hofmann, Geschäftsführer von Hofmann Consultants, einer Spezialisten-Boutique für die Suche von Top-Managern im Handel und in der Konsumgüterbranche, als „akribische, systematische Suche nach hochqualifizierten Fach- und Führungskräften sowie die Direktansprache dieser Zielpersonen". (Hofmann 2014, S. VII)

Umso wichtiger ist es, an dieser Stelle für Aufklärung zu sorgen. Wer macht was im Executive Search? Und wer hat diese Dienstleistung überhaupt erfunden?

Einblick in den Headhunter-Markt

Bis in die 1990er Jahre teilte sich der Executive-Search-Markt in zwei Teile: Auf der einen Seite standen die Personalberater, die via Anzeigenschaltungen Positionen besetzten. Und auf der anderen Seite die „Headhunter", die per telefonischer Direktansprache Kandidaten abwarben und neu vermittelten – zum Teil mit illegalen Methoden. Heute hat sich das Bild völlig verändert: Headhunting ist weitgehend legalisiert worden. Anzeigenschaltungen sind Schnee von gestern. Und etliche Unternehmen betreiben das Headhunting für eigene Positionen kurzerhand selbst.

Königsmacher in Aktion

Executive Search Consultants sind spezialisiert auf die diskrete Besetzung von Positionen in der **ersten und zweiten** Führungsebene – das sind je nach Unternehmensgröße und Branche Positionen mit einem Jahresgehalt zwischen 150.000 und 700.000 Euro. Mitunter werden externe Consultants auch für die Besetzung hochrangiger Fach-Spezialisten eingesetzt. Laut BDU zielten im Jahr 2015 knapp 62 Prozent der vermittelten Positionen auf Führungskräfte aus dem **mittleren** Management mit einem jährlichen Einkommen zwischen 75.000 und 150.000 Euro. Experten aus der Maschinen- und Fahrzeugtechnik sowie der Elektro- und Energietechnik waren besonders gefragt, außerdem Informatiker und Software-Entwickler.

Warum ausgerechnet diese? Executive Search Consultants verstanden sich ursprünglich als Berater für die Top-Etagen. Weil Unternehmen in vielen Fällen nicht nur ihre Vorstände und ihre Aufsichts- und Beiräte aus den eigenen Netzwerken rekrutieren, sondern auch ihre Geschäftsführer, hat sich die Beratungsleistung auf die zweite Ebene ausgeweitet. Der Grund ist einfach: Unter Top-Managern kennt man sich, man vertraut sich, man entdeckt den passenden Kandidaten für die **erste** Führungsebene im Golfclub oder im Yachthafen. Auch Kandidaten für die **dritte** Ebene sowie Sachbearbeiter oder Facharbeiter suchen die Unternehmen selbst – über eigene Anzeigenschaltungen in Printmedien und immer mehr über Anzeigen auf Job-Plattformen im Internet (zum Beispiel Monster oder Stepstone), über Social-Media-Plattformen (wie Xing oder Facebook) und natürlich über eigene Online-Bewerberseiten.

Meine Erfahrung zeigt: Für Executive Search Consultants interessante Kandidaten pflegen typischerweise **kein** eigenes Profil auf Xing, erst recht nicht auf Facebook und noch weniger auf Twitter. Sie reagieren grundsätzlich nicht auf Online-Stellenanzeigen. Zeigen sie sich doch, werde ich sogar skeptisch. Mag sein, dass sich das in den kommenden Generationen ändert – im Moment ist es noch so. Perlen muss man suchen.

Neben der Perlensuche im Meer der Führungskräfte, Experten, Beiräte und Aufsichtsräte bieten die meisten Headhunter auch zahlreiche andere Dienstleistungen an, um das stark konjunkturabhängige Geschäft mit der Generierung von Umsatzen aus anderen Bereichen aufzupäppeln, wie etwa Management Audits, Interim Management, Onboarding, Leadership-Consulting (vgl. Hofmann 2014, S. V).

Der BDU hat den Anteil folgender Dienstleistungen ermittelt (Abbildung 2):

- Managementdiagnostik
- Unternehmensberatung
- Coaching
- Outplacementberatung
- Human-Resources-Beratung
- Employer Branding
- Talent Management

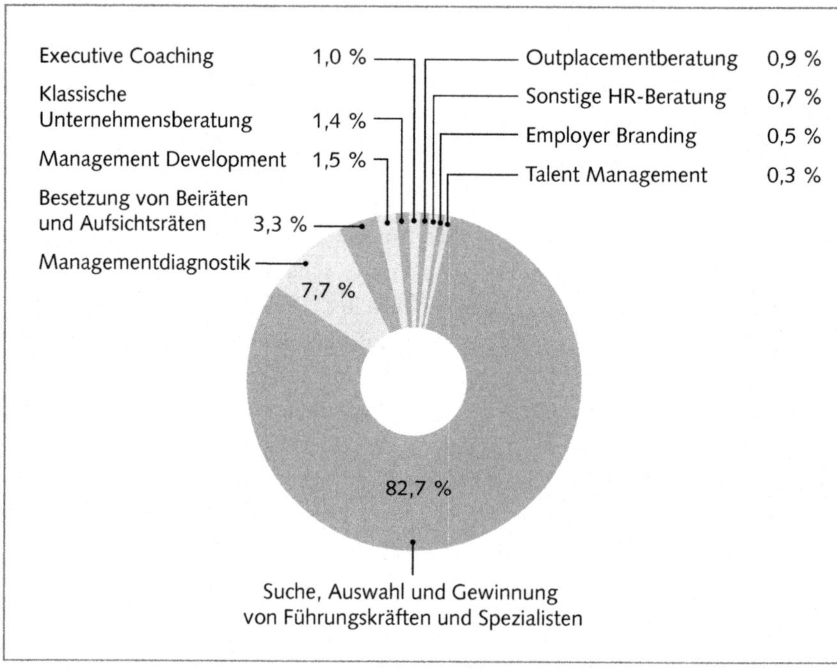

Abbildung 2: Aufteilung des Gesamtmarktes nach Beratungsfeldern (nach: BDU-Studie „Personalberatung in Deutschland 2015/2016", S. 7)

Spezialist oder Generalist?

Personalberater können als Generalisten arbeiten oder als Spezialisten für eine Branche oder als Spezialisten für eine bestimmte Funktion, etwa IT-Experten.

Headhunter Dieter Hofmann bezeichnet die Spezialisierung eines Personalberaters als „Trumpf" – er selbst hat sich auf die Handels- und Konsumgüterbranche spezialisiert: Nur Spezialisten haben nach seiner Einschätzung fundierte Branchenkenntnisse, die bis zur Kenntnis der Entscheidungsstrukturen oder des Workflows in den einzelnen Unternehmen reichen können. Nur Spezialisten verfügen zusätzlich über Fachkompetenz. Nur Spezialisten können die Anforderungen einer Position inklusive der finanziellen Rahmenbedingungen richtig einschätzen und die richtigen Fragen stellen. Und nur sie können Fallstricke rechtzeitig erkennen, nur sie wissen, wer die private Mobilfunknummer welcher anderer Top-Player kennt, wer sich gegenseitig unterstützt und wer sich das Wasser abgräbt.

Als Spezialist für die Automobilbranche fühle ich mich durch die Einschätzung dieses Branchenkenners natürlich bestätigt.

Beratungsboutique oder Beratungskonzern?

Gerade Mittelständler fragen sich häufig, ob sie ihren Suchauftrag an weltweit aufgestellte und in Konzernstrukturen arbeitende Unternehmen geben sollen oder ob sie stattdessen auf die intensive Betreuung und auf die Branchenkenntnis einer spezialisierten Beratungsboutique setzen. Die großen Beratungsfabriken stehen zwar für Prestige, doch garantieren sie keine Erfolge. Im Gegenteil: Als „kleiner" Kunde bekommt man hier vielleicht einen Kandidaten mit schönem Label – aber passt der dann auch?

Die Boutiquen leben von dem Know-how einzelner Berater: Sie sind es, die genau wissen, wie die Branche sich bewegt, wie einzelne Unternehmen ticken, wo welche Kultur gelebt wird, wer wo welche Fäden zieht, wer welche mehr oder weniger geheimen Vorlieben hegt und wie sich bestimmte Player am besten erreichen lassen. Sie sind es, die verstanden haben, dass Führungskräfte nicht deshalb scheitern, weil ihnen Fachwissen fehlt oder weil in ihrem Lebenslauf die falschen Stationen stehen. Führungskräfte scheitern, wenn sie scheitern, so gut wie immer an den weichen Faktoren: Emotionale Intelligenz, das richtige Maß an Empathie und Extraversion, Verbindlichkeit, Kontakt- und Konfliktfähigkeit, Zuverlässigkeit, Habitus. Je wichtiger die Position, desto schwerwiegender das Problem, wenn die Soft-Skills fehlen.

Gerne vergleiche ich unsere Branche mit der Textilbranche. Stellen Sie sich vor, Sie kaufen einen Anzug. Was wählen Sie? Den Namen eines großen Modelabels mit weltweitem Bekanntheitsgrad, bei dem es aber doch nur Anzüge von der

Stange gibt, die nicht auf Ihre individuellen, körperlichen und geschmacklichen Eigenheiten eingehen und Sie letztlich mehr verkleiden als kleiden? Oder den Maßschneider, der ein individuell auf Sie abgestimmtes Kleidungsstück erstellt und so dafür Sorge trägt, dass Sie ein Ergebnis bekommen, das perfekt zu Ihnen passt und Sie exzellent aussehen lässt? Die zweite Lösung erscheint den auf Marken fixierten Vertretern der sozialen Mittelschicht als extravagant – letztendlich aber ist sie keineswegs extravagant, sondern eher intelligent, und entspricht durch das zuweilen bessere Preis-Leistungs-Verhältnis sogar ihrer Vorstellung von Effizienz und Vernunft.

Birgit Felden, Expertin für Mittelstand und Unternehmensnachfolge an der Berliner Hochschule für Wirtschaft und Recht, schätzt die Frage nach dem Beratungs-Label so ein (zit. nach Naporra 2012, S. 28):

> *„Bei Unternehmen von überschaubarer Größe glaube ich nicht, dass die großen Berater die richtigen Ansprechpartner sind, denn ihnen fehlt oft der Bezug zu kleinen und mittleren Unternehmen."*

Ich stimme dieser Einschätzung zu. Der Umkehrschluss allerdings trifft nicht zu. Beratungsboutiquen in der Executive-Search-Branche können durchaus auch für Konzerne exzellente Kandidaten finden. Vor allem dann, wenn sie sich so intensiv auf eine Branche spezialisiert haben, dass sie praktisch alle wichtigen Potenzialträger persönlich kennen und wissen, wer geeignet und gerade ansprechbar ist – angefangen bei den viel versprechenden Newcomern, von denen noch nicht viele gehört haben, bis hin zu den älteren Hasen mit dem Willen und dem Potenzial, noch einmal überraschend durchzustarten.

Ich selbst bin in der Automotive-Branche so gut vernetzt, ich habe als Berater, als Herausgeber eines Branchen-Magazins und als Veranstalter hochkarätig besuchter Events ein so tiefes Branchenverständnis entwickelt und die DNA der Branche so internalisiert, dass ich mich heute, so meine ich, als relevanten Player der Branche bezeichnen kann. Ich habe meine Quellen für exklusive Informationen, das Vertrauen der Kunden und der Kandidaten. Das ist die wichtigste Grundlage dafür, Manager für Positionen zu interessieren, an die sie selbst noch nicht gedacht hatten. Und Unternehmen von Kandidaten zu überzeugen, die nicht exakt dem angestrebten Stereotyp entsprechen.

Wenn Unternehmen Köpfe jagen

Nachdem die Konzerne die Vorteile des professionellen Headhuntings erkannt hatten, dauerte es nicht lange, bis sie die Methoden der externen Personalberater übernahmen und diesen den schönen Namen **Active Sourcing** gaben.

Bei dieser relativ jungen Recruiting-Methode warten Unternehmen nicht mehr darauf, dass sich Kandidaten aktiv vorstellen und sie sich aus der Vielzahl der Bewerber nur die Rosinen herauspicken können. Sie werden selbst aktiv und sprechen interessante Kandidaten von sich aus an. Vor allem Global Player wie General Electric oder Coca-Cola haben die Kapazitäten, interne Recruiter zu beschäftigen. In der Schweiz betreiben heute Nestlé, die Pharmaunternehmen Novartis und Roche, der Technologiekonzern ABB und die Banken Credit Suisse und UBS eigene Search-Abteilungen (vgl. Johansson 2014, S. 205) Dafür gibt es zwei Gründe.

Erstens: Das Prinzip „post and pray" – also „Anzeige publizieren und beten" – bringt typischerweise gerade nicht die Wunschkandidaten an Bord. Stattdessen führt es zu einer mehr oder weniger großen Flut an Bewerbungen, die in die Bürokratie eines Unternehmens eingespeist und verarbeitet werden müssen (sprich: sichten, auswerten, Absagen schreiben), ohne dass dies irgendeinen Mehrwert bringen würde.

Zweitens: Mit **Active Sourcing** sparen sich die Unternehmen das Honorar für einen externen Dienstleister. Selbst die Beauftragung eines externen Beraters, der passende Kandidaten lediglich identifiziert, ist günstiger als die Vergabe eines kompletten Suchauftrags. Durch diese Praxis entsteht übrigens keine direkte Konkurrenz für etablierte Headhunter, weil über diesen Weg häufig die Positionen besetzt werden, die Headhunter aus vielerlei Gründen nicht besetzen wollen oder können.

Etliche Unternehmen kopieren nicht nur aktive Suchmethoden, sondern bauen auch eigene Talentpools via Social Networks auf (Facebook, Twitter, LinkedIn, Xing) oder im Rahmen von Fach- oder Absolventenmessen, Workshops oder Netzwerktreffen. Nun reicht es selbstverständlich nicht aus, Visitenkarten einzusammeln und in ein internes Adressenverzeichnis einzugeben. Active Sourcing ist anspruchsvoller: Viel versprechende Kandidaten lassen sich für ein Unternehmen nur begeistern, wenn ein Personaler Lebenslauf und Profil genau kennt, wenn er den Kontakt sorgfältig aufbaut und langfristig pflegt.

Personalverantwortlichen in den Unternehmen fehlen dazu oft die Ressourcen: Sie haben kaum Zeit, komplizierte Recherchen durchzuführen, kaum Zugang zu exklusiven Kreisen, kaum Budget für die Teilnahme an hochkarätigen Events oder für die Pflege kostspieliger Hobbys. Erfolgreiche Executive Search Consultants aber bieten genau das. So kann ich die Einschätzung von Egon Zehnder-Deutschlandchef Michael Ensser nur bestätigen (nach Steppan 2014a, S. 10)

> *„Onlinebasiertes Inhouse Recruiting kann unser Plus, dass wir die Passfähigkeit von Kandidaten, ihre Stärken und Schwächen und ihre Motivation kennen, nicht ersetzen. Wir werden häufiger mit Profilen konfrontiert und gefragt: Passt dieser Kandidat? Unsere Antwort lautet hier häufig: Da gibt es noch bessere!"*

Soziale Netzwerke statt Karteikästen

Tatsächlich sind die Unternehmen in den vergangenen Jahren immer besser geworden, wenn es um die Besetzung der **mittleren** und **unteren** Führungsebenen geht. Schon allein deshalb, weil sie über Plattformen wie **LinkedIn** oder **Xing** nun selbst Zugang zu einer Unzahl von Kandidaten-Profilen haben. So sind die Daten passiver Bewerber über soziale Netzwerke millionenfach öffentlich einsehbar. Allerdings bringt dies häufig weniger als erhofft. Aus drei ganz einfachen Gründen:

- Top-Kandidaten spielen nicht in gewöhnlichen, sozialen Netzwerken.
- Jedes populäre Netzwerk steckt voller Phantomprofile und Karteileichen.
- Kein internetbasiertes Netzwerk liefert brauchbare Daten über die tatsächliche Leistungsfähigkeit, die Wertvorstellungen und den Habitus eines Kandidaten.

Vor der Internet-Zeit waren Kandidaten-Karteien ein geheimnisvoller Schatz, den jeder Headhunter hütete wie seinen Augapfel. Auch heute noch gibt es Executive-Search-Unternehmen, die eigene Karteien mit Kandidatenprofilen pflegen, um den Schwächen der sozialen Netzwerke etwas Besseres entgegenzustellen.

Meiner Einschätzung nach kann aber eine eigene Datei niemals so aktuell sein wie die Spuren, die interessante Kandidaten im Netz hinterlassen. Nur sind ihre Namen nicht auf gewöhnlichen Kandidaten-Plattformen zu finden, sondern anderswo: Zum Beispiel in den Personalien-Spalten von Fachzeitschriften oder internen Unternehmenszeitschriften, als Vortragende bei Konferenzen, als Autoren von Fachbeiträgen oder als Interviewpartner, als Amtsinhaber in wichtigen Fachverbänden, nicht zuletzt als relevante Akteure, die in Geschäftsberichten Erwähnung finden. Häufig ist es außerdem interessant, in der Wissenschaft nach Spuren zu suchen: Was genau war das Thema der Dissertation eines Kandidaten? Hat er sich an weiteren Forschungsarbeiten beteiligt?

Diese Namen sind es, die ich mit viel Energie und Spürsinn suche. Und eines frühen Morgens anrufe.

Am Anfang war das Telefon

Dass gute Jobs über gute Kontakte vergeben werden – das ist nicht neu. Neu war vor nun fast 100 Jahren die Idee, die Vermittlung von Jobs mit der Erfindung des Telefons zu kombinieren, und daraus ein Geschäft zu machen. Es war ein gewisser Mister Deland, der 1926 in New York **Thorndike Deland Associates** gründete, um genau das zu tun. Erst während des zweiten Weltkriegs und in den Nachkriegsjahren eroberten weitere Player diesen seinerzeit noch weitgehend unbekannten und daher unerschlossenen Markt: 1953 gründeten Gardner Heidrick und John Struggles das Unternehmen **Heidrick & Struggles**, 1956 folgte **Spencer Stuart**. In Europa startete die Branche von der Schweiz aus: 1959 gründete Egon Zehnder in Zürich **Spencer Stuart**, fünf Jahre darauf dann sein eigenes Unternehmen. Viele weitere Executive-Search-Firmen, die wir heute kennen, sind aus diesen Wurzeln hervorgegangen – zum Beispiel **Korn Ferry**.

In Deutschland trat Jochen Kienbaum 1978 als Personalberater an. Er schaltete Anzeigen für die Hidden Champions, also für erfolgreiche Mittelständler ohne bekannte Arbeitgebermarke, die interessante Kandidaten nur schwer für sich begeistern konnten. Kienbaum hatte Erfolg, weil es ihm gelang, seinen eigenen Namen als Marke zu etablieren (vgl. Kracht et al. 2014, S. 111).

Da die Wirtschaft boomte und Arbeitskräfte fehlten, legten die Headhunter der ersten Stunde einen glänzenden Start hin. Schon damals etablierten sich die vergleichsweise hohen Honorare der Executive Search Consultants: Pro Auftrag mindestens ein Drittel des Bruttojahresgehalts, das der gesuchte Kandidat bekommen sollte (Steppan 2014c, S. 186).

Deutscher Sonderweg: das Anzeigengeschäft

Hierzulande waren etliche der heute gut etablierten Personalberatungsunternehmen ursprünglich nicht viel mehr als Anzeigenverkäufer, die personalsuchenden Unternehmen mit Diskretionsbedarf ihren Briefkasten als Adresse zur Verfügung stellten. Im nächsten Schritt boten sie an, bei schwierig zu besetzenden Stellen diskret das eigene Netzwerk abzutelefonieren. Sie brauchten für diesen Job keine besonderen Kompetenzen, sondern nur ein Telefon und eine Schreibmaschine. Viele arbeiteten nicht systematisch, sondern eher auf „gut Glück".

Durch die damals üppig gezahlten Media-Provisionen lebten etliche Headhunter der ersten Stunde fürstlich. Bis etwa 1998. Dann kam das Internet, der Anzeigenmarkt brach zusammen und die Kernkompetenz „Anzeigen verkaufen" wurde überflüssig.

Das auf Anzeigenschaltungen spezialisierte Unternehmen Kienbaum bot daraufhin „Kombinationssuchen" an, also eine Kombination aus herkömmlichen Anzeigenschaltungen und Direktansprache per Telefon. Eine Weile noch lieferte sich die Beraterbranche einen Streit darüber, ob die Suche per Inserat oder per Anruf besser, seriöser oder zielführender sei. Das Thema ist heute vom Tisch. Neben Kienbaum haben auch andere Anzeigen-Spezialisten wie die Baumann AG oder Rochus Mummert heute selbstverständlich auf Direktansprache umgestellt. Nicht nur bei der Suche nach Führungskräften, sondern auch, wenn hoch dotierte Fachpositionen zu besetzen sind.

Nach dem Zeitungs-Crash

Nach der Jahrtausendwende sortierte sich der Markt neu, viele kleine Berater gingen unter. Laut dem Bundesverband Deutscher Unternehmensberater (BDU) lag der Branchenumsatz im Jahr 1997 bei 1,28 Milliarden und im Jahr 2000, zur Zeit der Internet-Euphorie, sogar bei 2,49 Milliarden Euro. 6.400 Berater waren damals im Einsatz, die 89.000 Suchaufträge abwickelten. Dann kam der Knick.

Heute hat sich die Branche mit 6.650 Beratern und 57.400 Suchaufträgen schon wieder erholt. Im Jahr 2015 hat sie 1,80 Milliarden Euro umgesetzt. Branchen-Kenner wie Tiemo Kracht und Jürgen Siebert, beide bei Kienbaum Executive Consultants, gehen von einer konstanten, starken Nachfrage nach ihrer Dienstleistung aus. Nicht nur wegen des demografischen Wandels, sondern auch aufgrund der steigenden Abhängigkeit der Unternehmen von einzelnen klugen

Köpfen: „Im Zuge von Lean-Management-Strukturen nahm das relative Gewicht einer Fach- und Führungskraft im Gesamtgefüge der sich verschlankenden Organisation zu, sodass Qualitätsstandards in der Führungskräftegewinnung stiegen“, so die Autoren (Kracht/Siebert 2014, S. 114)

Laut einer Umfrage, die der BDU jährlich im März und April durchführt, gab es 2015 in der Branche rund 2.000 Firmen. Meiner Einschätzung nach gut etabliert sind davon etwa 50 Firmen – rund die Hälfte davon als AG mit globaler Aufstellung und Spezialisierung auf einen Branchenschwerpunkt. Nur wenige haben einen bekannten Markennamen entwickelt.

Daneben agieren rund ein Dutzend Beratungsboutiquen, die sich durch die hervorragenden Kontakte des jeweiligen Inhabers auszeichnen. Diese Silberrücken sind Headhunter mit exzellent gepflegten Netzwerken – interessanterweise im gleichen Alter wie die Vorstände und Aufsichtsräte der wichtigsten Unternehmen.

Mein eigenes Unternehmen hat sich als hoch spezialisierte und exklusive Beratungsboutique etabliert. Sie zeichnet sich dadurch aus, dass ich ausschließlich in der Automotive- und Maschinenbau-Branche aktiv bin, und das nur, wenn es um die oberen Hierarchie-Ebenen geht.

Generationswechsel

Im Moment gilt noch: Wenn Sie einen Anruf von einem dieser Headhunter bekommen, haben Sie es in die Königsklasse geschafft. Dann werden Sie Vorstand.

Doch hier steht ein Generationswechsel an. So hat sich Dieter Hofmann in seinem Buch **Headhunter** (2014) erlaubt, unter dem Titel „Das Image des Alleskönners ist ramponiert“ einen Abgesang auf einen der ganz großen, alten Stars der Branche zu publizieren.

Michael Ensser, Deutschlandchef von Egon Zehnder, beschreibt die Branchenentwicklung so (zit. nach Steppan 2014a, S. 11): „Früher sind wir (…) auf den einen oder anderen Einzelgänger gestoßen. Doch die Zeit dieser ‚Altstars‘ geht zu Ende. An die Stelle der One-Man-Shows tritt heute der Bedarf nach Beratungsunternehmen, die über Branchen, Funktionen und Regionen hinweg überzeugende Antworten auf komplexe Fragen geben können.“ Das ist die Perspektive des deutschen und europäischen Marktführers, der exakt so aufgestellt ist.

Ich selbst erlebe das Gegenteil: Spezialisierung auf eine einzige Branche bringt sowohl den Kandidaten als auch den suchenden Unternehmen vielfache Vorteile.

Kein Wunder, dass die Altstars alles andere tun, als von der Bühne zu gehen. Sowohl Jürgen Mülder als auch Hermann Sendele sind noch aktiv, und Björn Johansson, einer der wichtigsten Executive-Search-Spezialisten der Schweiz, denkt ebenfalls nicht ans Aufhören (Johansson 2014, S. 209).

Die Branche spaltet sich

„Die Branche entwickelt sich immer mehr zu einer Zweiklassengesellschaft. Die Schere zwischen Premiumanbieter und Billigrekrutierer geht immer weiter auf", konstatierte Dieter Hofmann gegenüber der Wirtschaftswoche (23.1.2014). Wobei „billig" nicht automatisch „schlecht" heißen muss.

Im Gegenteil: Am unteren Ende des Marktes entstehen derzeit ganz neue Modelle. Suchaufträge für Positionen mit einem Jahreseinkommen zwischen 75.000 und 120.000 Euro können zum Beispiel über Internet-Plattformen abgewickelt werden. Langfristig wird diese Entwicklung zu einer Spaltung des Marktes führen: Die erfolgreichen (!) Headhunter, die sich auf die Suche von hoch dotierten Spitzenpositionen spezialisiert haben, werden stärker nachgefragt werden denn je. Im mittleren Management aber werden Unternehmen tendenziell weniger Bedarf haben, weil sie mit Hilfe eigener Internet-Recherchen und auch mit eigenen Search-Abteilungen selbst die Kandidaten finden werden, die sie brauchen. Dieses Marktsegment wird daher schrumpfen.

Ringen um Qualität

Entsprechend umkämpft ist das Spitzensegment der Branche. Nicht jeder hat das Zeug, ganz oben mitzuspielen. Und so verdienen etliche, die nicht das Zeug zum „dicken Fisch" haben, ihre Brötchen als „kleine Haie". Die schlimmsten unter ihnen werben ohne Auftrag und mit wilden Methoden irgendwo Führungskräfte ab, um sie woanders einzuparken, dann dort wieder abzuwerben und wiederum woanders zu platzieren, wobei sie jedes Mal kassieren.

Diese Akteure schaden mit ihrer kriminellen Energie dem Image der gesamten Branche. Das Problem bringt Joachim Staude vom Bundesverband der Unternehmensberater (BDU) auf den Punkt: „Im Prinzip kann jeder, der über 18 Jahre ist, ein Unternehmen gründen und Personalberater auf sein Türschild schreiben." Deshalb hat der BDU „Grundsätze ordnungsgemäßer und qualifizierter Personalberatung" veröffentlicht. Hier sollen Unternehmen Orientierung bei der Suche nach einem Headhunter finden und wechselwillige Kandidaten können sich informieren über die Zusammenarbeit mit den Beratern.

In diesen Grundsätzen hält der Verband den typischen Ablauf eines Personalberatungsprozesses bei der Besetzung von Positionen fest: vom Erstgespräch mit dem Auftraggeber bis zur Vorstellung potenzieller Kandidaten beim Kunden. Der BDU unterstreicht auch die Abgrenzung vom sogenannten **CV Trading** – der reinen Vermittlung von Personal. Seit 2009 wird auch eine Zertifizierung angeboten. Anwärter auf den Titel „Personalberater CERC/BDU" müssen nachweisen, fünf Jahre hauptberuflich als solcher tätig gewesen zu sein, einen akademischen Abschluss erworben zu haben, sich regelmäßig fortzubilden und sich auch aktuell hauptberuflich als Personalberater zu betätigen.

Ich denke: Das könnte ein Anfang sein. Doch garantiert ein Siegel noch lange keine erfolgreiche Vermittlung. Das bestätigt Dieter Hofmann, wenn er schreibt: „Das Konzept krankt schon allein daran, dass man zunächst einmal Mitglied eines Verbandes werden muss, um sich zertifizieren zu lassen. Und auch die Referenzen, die ein Berater vorzuweisen hat, dürfen nur von Mitgliedern dieses Verbands stammen. Das wirkt geradezu lächerlich, wenn man weiß, dass in diesem Verband keineswegs die ersten Adressen unserer Branche organisiert sind." (Hofmann 2014, S. 45) Nun, immerhin sind Kienbaum und PMC International dabei, also auch durchaus ernstzunehmende Adressen.

Wie auch immer: Ich habe mich entschieden, mich nicht auf die Zusammenarbeit mit anderen Beratern in Berufsverbänden zu konzentrieren, sondern auf die gewachsene Beziehung zu meinen Kunden, die zum Teil über mehr als eine Dekade andauert.

Was Executive Search kostet

Über diese Frage wird viel spekuliert: Was verdient ein Headhunter? Dazu gibt es keine eindeutige Antwort. Fakt ist: Es kommt auf den konkreten Suchauftrag an und auf das Standing des Headhunters. Im Schnitt ist die Leistung eines Headhunters dem Auftrag gebenden Unternehmen rund ein Drittel des Jahreseinkommens der zu besetzenden Stelle wert. Die Top-Berater haben nach wie vor keinerlei Probleme, Honorare in dieser Höhe einzufordern. In der Regel wird dieses Honorar in drei Teilen gezahlt: ein Drittel bei Vertragsabschluss, ein Drittel bei Vorlage der Kandidatenprofile (oder, je nach Vereinbarung, in der Phase der ersten Vorstellungsgespräche) und das letzte Drittel, nachdem der passende Kandidat den Arbeitsvertrag unterzeichnet hat. Selbstverständlich ist das kein Naturgesetz, sondern lediglich eine Gepflogenheit. Jeder Berater kann mit jedem Auftraggeber das verhandeln, was im vorliegenden Fall sinnvoll erscheint.

Dennoch hat sich etwas verändert:

- In den letzten Jahren hat sich auch im Personalbereich eine gewisse Einkäufer-Mentalität durchgesetzt. Die Akquise von Kandidaten wird heute genauso knallhart kalkuliert wie der Einkauf von Schraubenmuttern.
- Außerdem gibt es, sagen wir, weniger etablierte Berater, die ihrem Auftraggeber Mengenrabatte gewähren oder die für ein deutlich reduziertes Honorar arbeiten.
- Aktuell drängen auch Personalberatungen in den Markt, die ausschließlich auf Erfolgsbasis arbeiten. In diesem Fall wird die Provision dann gezahlt, wenn ein Kandidat seinen Arbeitsvertrag unterzeichnet. Zu 100 Prozent. Auf den ersten Blick mag das für Auftraggeber interessant erscheinen, auf den zweiten Blick aber zeigen sich die Nachteile: Der Erfolgsdruck lastet komplett auf dem suchenden Unternehmen, was dazu führt, dass Kandidaten möglichst schnell in Positionen „gedrückt" werden, auch wenn sie nicht passen.
- Auch gemischte Angebote tauchen zunehmend auf: So gibt es mittlerweile auch Agenturen am Markt, die auf Provisionsbasis Direktansprachen und Anzeigenschaltungen durchführen, die außerdem auf Karriereplattformen und in sozialen Netzwerken recherchieren und die zusätzlich aktiv Bewerber vermarkten. Laut Annette Kinnear, Autorin des Buchs „Headhunting – Bitte husten Sie, falls Ihr Chef gerade mithört", liegt die Vermittlungsprovision für derartige Anbieter bei 18 bis 38 Prozent der Jahresbezüge des Kandidaten (Kinnaer 2013, S. 208)

Das verändert den Markt. Und so muss sich auch ein Top-Berater gelegentlich harten Honorar-Verhandlungen aussetzen.

Für die große Zahl der Wald-und-Wiesen-Headhunter gilt: Die Honorare sinken. Laut der BDU-Marktstudie „Personalberatung in Deutschland 2015/2016" lag die Honorarhöhe im Jahr 2015 bei durchschnittlich 25,9 Prozent des Zieleinkommens. Zunehmend wird laut BDU aber auch nicht mehr mit der Größe Zieleinkommen kalkuliert, sondern der Arbeitsaufwand als Berechnungsgrundlage verwendet. Rund 62 Prozent der Suchprojekte werden offenbar zwischen Klienten und Headhunter nach Projektfortschritt abgerechnet. Eine steigende Tendenz maß der BDU aber auch für eine Honorarzahlung nach Zeitfortschritt mit einer Teilzahlung nach Vertragsabschluss und weiteren jeweils zu Beginn der fortlaufenden Monate.

Insgesamt gilt laut BDU-Studie: Kleinere Personalberatungen vermitteln schwerpunktmäßig weniger hoch dotierte Positionen, während große Personalberatungen eher auf Top-Kandidaten fokussiert sind (Abbildung 3).

	Gesamtmarkt	Besetzte Positionen	Große Personalberatungsunternehmen über € 3 Mio. Jahresumsatz	Mittelgroße Personalberatungsunternehmen	Kleinere Personalberatungsunternehmen unter € 500.000 Jahresumsatz
über € 500.000 Bruttojahreseinkommen	1,4 %	800	2,9 %	0,9 %	0,1 %
zwischen € 250.000 und € 500.000	5,4 %	3.100	7,3 %	6,9 %	1,7 %
zwischen € 150.000 und € 250.000	14,7 %	8.400	16,6 %	17,1 %	9,9 %
zwischen € 100.000 und € 150.000	29,0 %	16.650	26,7 %	28,8 %	32,0 %
zwischen € 75.000 und € 100.000	33,0 %	19.000	32,7 %	30,7 %	35,8 %
unter € 75.000	16,4 %	9.450	13,8 %	15,6 %	20,5 %

Abbildung 3: Aufteilung der besetzten Positionen nach Zieleinkommen
(Quelle: BDU-Marktstudie „Personalberatung in Deutschland 2015/2016", S. 11)

Meinen Erfahrungen entspricht diese Statistik nicht – und das ist aus mathematischer Sicht auch nicht erstaunlich: In einer großen Umfrage wie dieser können einzelne, exzellent aufgestellte Beratungsboutiquen nicht in Erscheinung treten. Sie bleiben statistische Ausreißer. Die dargestellten Daten basieren außerdem auf den Angaben von Verbandsunternehmen, die, wie schon erwähnt, nicht unbedingt die ersten Adressen der Branche darstellen. Über die Aussagekraft dieser Studien kann und sollte man also durchaus streiten – leider gibt es keine valideren Arbeiten zu diesem Thema.

Top-10-Trends in der Personalberatungsbranche

Nach Einschätzung des BDU ändert sich die Branche in den kommenden Jahren in folgende Richtung:

1. Eine qualitativ hochwertige Kandidatenpflege wird immer wichtiger.
2. Insbesondere die größeren Unternehmen und Konzerne werden über eigene Recruitingabteilungen versuchen, Positionen zu besetzen, für die heute noch Personalberater beauftragt werden.
3. Die Zahl der Kandidaten, die aufgrund oft ungezielter und überzogener Ansprache über die sozialen Medien nicht mehr angesprochen werden möchten, steigt.
4. Die Aufteilung des Marktes in „schnelle und preisgünstige Rekrutierung“ versus „qualitätsprozess- und tiefgehende Personalberatung“ wird im Executive Segment noch stärker spürbar.
5. Digitale Prozessschritte sind bei einer ganzheitlichen Personalsuche heute schon selbstverständlich.
6. Im Personalberatungsmarkt nimmt die Zahl alternativer und in der Regel digital getriebener Geschäftsmodelle weiter zu.
7. Das stärkste Motiv von Kandidaten für einen Stellenwechsel liegt in einer besseren Weiterentwicklungsmöglichkeit.
8. Kandidaten ohne aussagekräftige Profile in Online-Karrierenetzwerken werden zunehmend schlechtere Karriereoptionen haben.
9. Vor allem mittelständische Unternehmen werden stärker als bisher über Executive Search versuchen, Top-Kandidaten zu finden.
10. Nicht für das Generieren von möglichst vielen Daten, sondern für die Interpretation aufgrund von Erfahrung und Fachwissen werden Klienten bereit sein, höhere Honorare an Personalberater zu zahlen.

Quelle: BDU-Studie „Personalberatung in Deutschland 2015/2016“, S. 15

Woher die Vorbehalte kommen

Es ist mir bewusst, dass dem Headhunting der Nimbus des Geheimnisvollen und Glamourösen anhaftet, vielleicht sogar ein wenig der des Halbseidenen und Unseriösen. Dafür gibt es zahlreiche, zum Teil historisch bedingte Gründe.

Lange war Headhunting illegal. Bis Mitte der 1990er Jahre bewegten sich Headhunter in Deutschland und in der Schweiz in einer rechtlichen Grauzone. Die Bundesanstalt für Arbeit hatte das Monopol für die Vermittlung von Arbeitskräften inne. Nach gezielter Lobbyarbeit einiger Headhunter wurden die Gesetze geändert. Dennoch gibt es in Deutschland und in der Schweiz keine Berufsordnung, es gibt keinen Schutz der Berufsbezeichnung, es gibt keine Zugangsvoraussetzungen, es gibt keine Aufsicht über Personalberater. In Österreich sieht die Lage anders aus.

Der Beruf des Headhunters ist nicht geschützt. Wer als Arzt oder Anwalt tätig werden möchte, muss sich hierzulande einer langwierigen Ausbildung und einer mühsamen Prüfungsprozedur unterziehen. Wer Headhunter werden will, schraubt sich lediglich ein Schild an die Tür. So nimmt es nicht Wunder, dass unter den in Deutschland tätigen, rund 5.000 Beratern die Fluktuation sehr hoch und die Transparenz der Branche sehr gering ausfällt. Etwa ein Viertel der Anbieter ist kürzer als zwei Jahre als Personalberater tätig, etwa die Hälfte gibt nach fünf Jahren auf. Nur ein Viertel behauptet sich langfristig am Markt (vgl. Hofmann 2014, S. 45).

Headhunter arbeiten „unsichtbar". Um unnötigen Aufruhr im Unternehmen und unter den Mitbewerbern zu verhindern, arbeiten Headhunter in der Regel unbemerkt im Hintergrund. Die Kollegen der Führungskräfte wissen normalerweise nicht, wer wann welche Sondierungsgespräche mit Headhuntern führt. Die „Personalie" wird erst dann publik gemacht, wenn der Headhunter seine Arbeit erledigt hat. Weil der Wechsel relevanter Persönlichkeiten in eine neue Position von Kollegen, Mitarbeiten und der Öffentlichkeit oftmals als Überraschung, wenn nicht sogar als Schock oder als Kränkung erlebt wird, beginnt reflexartig die Suche nach „Schuldigen". Der Headhunter bietet sich als Sündenbock besser an als jeder andere, weil er außerhalb des Unternehmens steht und sich daher für positive („Königsmacher") oder wahlweise negative („Kopfjäger") Projektionen hervorragend eignet.

Headhunter sind verschwiegen. Ein erfolgreicher Headhunter ist deshalb erfolgreich, weil er mehr Interna aus den Unternehmen kennt als andere, weil er mehr über die persönlichen Stärken und Untiefen seiner Kandidaten weiß als andere und weil er darüber schweigt. Es ist die „berufsbedingte Diskretion", die „Headhunter mit der Aura des Geheimnisvollen" umgibt (Hofmann 2014, S. VI).

Headhunter lösen auch die „schmutzigen" Fälle. Headhunter kommen häufig dann ins Spiel, wenn eine Führungskraft möglichst geräuschlos „entsorgt" und durch eine bessere ersetzt werden soll. Eine Führungskraft wird naturgemäß immer hellhörig, wenn ein Vorgänger gescheitert ist: Handelt es sich um einen „Schleudersitz", weil die Zusammenarbeit mit der ersten Führungsebene schwierig, wenn nicht sogar unmöglich ist? Headhunter werden auch dann gerufen, wenn sich ein Unternehmen in eine so aussichtslose Lage manövriert hat, dass es für hochkarätige Kandidaten uninteressant geworden ist. Ist die zu lösende Aufgabe so schwierig, dass ein Scheitern geradezu vorprogrammiert ist? Denken Sie nur an den Geschäftsführerposten des zukünftigen Hauptstadtflughafens BER, dann wissen Sie, was ich meine.

Headhunter werden fürstlich bezahlt. Hohe Honorare lassen vermuten, dass hier etwas nicht mit rechten Dingen zugeht. „Viel Geld für wenig Arbeit", heißt es oft. Tatsächlich macht Headhunting sehr viel Arbeit. Es reicht nämlich bei Weitem nicht, ein wenig im Internet zu klicken und dabei ein paar Namen zu notieren.

Vielmehr gilt es, erstens, die tatsächlichen Herausforderungen zu erkennen, die mit einer Position in einem bestimmten Unternehmen verbunden sind. So etwas steht in keinem Anforderungsprofil – zum einen, weil das Sprechen über die Untiefen eines Unternehmens tabu ist, zum anderen, weil Personalverantwortliche das Profil oftmals selbst nicht klar definieren können (mehr dazu in Kapitel IV).

Zweitens gilt es, einen potenziellen Kandidaten überhaupt erst einmal zu finden. „Sicher, Beziehungspflege auf eleganten Cocktail-Partys gibt es hin und wieder", schreibt Headhunterin Doris Aebi. „Unser Tagesgeschäft aber gleicht der Arbeit eines Goldwäschers, der die wenigen wertvollen Körnchen aus einem breiten Strom zu fischen versucht." (Aebi 2014, S. 19)

Drittens ist es notwendig, das tatsächliche Profil eines Kandidaten zu erfassen, mitsamt allen Unwägbarkeiten, die mit seiner Persönlichkeit verbunden sind. So etwas steht in keinem Lebenslauf. Ein Headhunter muss einschätzen können, ob ein Kandidat seiner neuen Aufgabe wirklich gewachsen ist und ob er mit seiner Persönlichkeit und mit seinen Wertvorstellungen ins Unternehmen passt (mehr dazu in Kapitel III).

Viertens macht Headhunting vor allem in den dunklen Tagesrandzeiten Arbeit. Typischerweise erreiche ich viel versprechende Kandidaten um 5:30 Uhr oder um 22:30 Uhr, am Wochenende und am Feiertag besser als in der offiziellen „Kernzeit". Headhunting ist außerdem nicht zu Ende, sobald ein Kandidat gefunden ist. Ich begleite den kompletten Onboarding-Prozess, um zu verhindern, dass der Kandidat kurz nach seinem Jobstart das Handtuch wirft oder die Probezeit nicht übersteht. So etwas ist mir glücklicherweise noch nicht passiert – sollte es einmal vorkommen, muss ich meine Suche neu starten.

Headhunter wenden Schicksale. Headhunting ist mit großer Verantwortung verbunden, denn ein Headhunter verschiebt immer existenziell wichtige Koordinaten: Ein Unternehmen verliert eine Spitzenkraft, ein anderes gewinnt eine dazu. Die Familie des Kandidaten muss ihren Lebensmittelpunkt verändern, verbunden mit Jobwechseln oder Schulwechseln aller Beteiligten. Da stehen mehrere Karrieren auf dem Spiel. Jede Fehlentscheidung kann den Ruf eines Kandidaten ruinieren und ihn in eine existenzielle Krise führen.

Zweites Fazit

▶ **Headhunter arbeiten in einer verschwiegenen Branche, auf die ein mitunter merkwürdiges Licht fällt.**

- Weil so wenig bekannt ist, wird viel gemutmaßt und phantasiert.
- Und weil es Akteure gibt, die mit unlauteren Methoden arbeiten, gerät die Profession immer wieder in Verruf.
- Aktuell erleben wir eine Spaltung der Branche: Mit der steigenden Relevanz einzelner Führungspositionen in den Unternehmen steigt auch die Relevanz des auf Spitzenpositionen fokussierten Headhuntings. Auf der anderen Seite wächst das Feld der „Billiganbieter".
- „Billig" muss nicht automatisch schlecht sein: Für die Besetzung von Positionen auf der dritten Ebene kann auch das Recruiting über Headhunting-Plattformen sinnvoll sein.

Für Personalverantwortliche heißt das: Headhunting ist weder geheimnisvoll noch unseriös. Es handelt sich schlicht und ergreifend um eine sehr spezialisierte Dienstleistung. Geht es um die Besetzung von relevanten Positionen der ersten und zweiten Hierarchie-Ebene, kann die Kooperation mit einem Headhunter durchaus sinnvoll sein. Ganz einfach deshalb, weil ein Headhunter auch dann interessante Kandidaten finden kann, wenn ein Unternehmen über eine politisch schwierige Personalie im Vorfeld der Neubesetzung **nicht** sprechen will, wenn es **nicht** über eine starke Arbeitgebermarke verfügt, wenn es **nicht** an einem attraktiven Standort steht und wenn die zu erfüllenden Aufgaben mit großen Herausforderungen verbunden sind.

▶ **Headhunter arbeiten höchst unterschiedlich.**

- Daher ist die Entscheidung wichtig, ob Sie mit einem **Spezialisten** zusammenarbeiten möchten oder mit einem **Generalisten**.
- Gerade in der Automobilbranche, im Handel und in der Konsumgüterbranche, außerdem im Finanzsektor und in der Life-Science-Branche ist meiner Einschätzung nach die Zusammenarbeit mit einem Spezialisten immer ratsam. Denn nur ein Spezialist verfügt über branchenspezifisches Fachwissen und Fingerspitzengefühl.
- Außerdem gilt es zu entscheiden, ob Sie sich an eine Beratungsboutique wenden möchten oder lieber an einen Konzern.
- Mittelständische Betriebe arbeiten meiner Erfahrung nach lieber mit ausgewählten „Maßschneidern" zusammen, wenn es um die Besetzung wichtiger Posten geht. Anspruchsvolle Konzerne setzen auch auf die Zusammenarbeit mit weltweit tätigen Executive-Search-Unternehmen – wenden sich mit speziellen Anliegen aber doch wieder an die spezialisierten Boutiquen.
- In jüngerer Zeit ist eine neue Variante des Headhuntings dazugekommen: Sehr große Konzerne betreiben diese Dienstleistung unter dem Titel **Active Sourcing** nun selbst – allerdings geht es dabei zumeist nicht um die Top-Positionen des Unternehmens.

Für Personalverantwortliche heißt das: Die Beauftragung eines Headhunters ist bei der Besetzung relevanter Positionen durchaus sinnvoll. Bei der Wahl des Headhunters ist Umsicht angesagt. Ich möchte an dieser Stelle weder die Adresslisten der Verbände empfehlen noch eine Stichwort-Suche in sozialen Netzwerken. Am sichersten ist meiner Einschätzung nach immer noch eine persönliche Empfehlung aus dem eigenen Umfeld. Für die Vertragsverhandlungen mit einem Headhunter gilt prinzipiell: Diese Dienstleistung ist sehr anspruchsvoll, entsprechend hoch sind die Honorare angesiedelt. Wenn ein Headhunter exzellente Arbeit leistet, vermeiden Sie allerdings nicht nur die hohen Kosten einer dilettantischen Fehlbesetzung, sie profitieren immer auch messbar von der Expertise Ihres neuen Top-Kandidaten.

III Performance neu denken

Es geht bei Vorstellungsgesprächen nicht in erster Linie um Kompetenzen. Es geht um Passung. Das ist gemeint, wenn Personalverantwortliche sagen: Die Chemie stimmt. Doch wie erkennen Sie, ob ein Kandidat passt oder ob er nicht passt? Sie lesen es an Codes ab – und zwar in viel stärkerem Maße, als Ihnen das zumeist bewusst ist.

Fallstrick „Feine Unterschiede"

Um Ihnen zu verdeutlichen, was ich mit Codes meine, hier drei fiktive Beispiele, die Sie so oder ähnlich sicher aus Ihrem eigenen Umfeld kennen.

Mittelständischer, regional verwurzelter Stahlhändler: Sein Auftreten ist entschlossen, seine Sprache direkt und deutlich regional gefärbt. Gekleidet ist er mit einem Anzug von guter Qualität, aber unbekannter Marke, darunter ein Hemd mit Karomuster. Sein Händedruck ist kräftig. Im Gespräch wird ein enorm hoher Anspruch an die eigene, häufig evangelisch oder sogar pietistisch geprägte Arbeitsethik deutlich. Hartes, ehrliches Arbeiten steht im Mittelpunkt der gesamten Aufmerksamkeit. Lebensziel ist, das über Generationen von der Familie aufgebaute Unternehmen zu vergrößern und an die nächste Generation zu übergeben.

Promovierter Berater mit großbürgerlichem Hintergrund: Eloquent und elegant – so der erste Eindruck. Gekleidet ist dieser Kandidat mit einem hochwertigen, auf Maß geschneiderten Anzug, darunter ein helles, einfarbiges Hemd mit Krawatte, passend dazu ein Einstecktuch. Weitere Zierden sind ein Siegelring, eine hochpreisige Markenuhr **Made in Switzerland** und eine helle Hornbrille. Rahmengenähte Schuhe sind selbstverständlich. Im Gespräch zeigt sich ein intellektuelles wie auch praktisches Interesse an Wirtschaftsthemen und ein mindestens ebenso großes Interesse an standesgemäßen Beschäftigungen wie Golf und Yachtsegeln. Lebensziele sind, das eigene Standing im Netzwerk der Elite weiter auszubauen, das geerbte wie erworbene Kapital möglichst intelligent zu vermehren und, nicht zuletzt, das Leben mit Seinesgleichen bestmöglich zu genießen.

Junger, urbaner Gründer eines Start-ups: Jugendlich, enorm selbstverwirklicht mit Hang zum Gutmenschentum und dennoch auf Erfolgskurs. Gekleidet ist dieser Unternehmertyp mit Hemd, Jeans, Sneakers und einem mit der Hand quasi verwachsenen Smartphone. Vollbart ist Pflicht, Strickmütze eine wichtige Option auch jenseits der Wintermonate. Im Gespräch stellt sich heraus, dass das eigene Unternehmen vor allem als Spielwiese verstanden wird. Auf dieser soll nicht nur der eigene Lebensunterhalt verdient und weitere Selbstverwirklichung ermöglicht, sondern vor allem die Welt gerettet werden – womit die wichtigsten Lebensziele umrissen sind.

Natürlich handelt es sich bei diesen Skizzen um Klischees. Doch schauen Sie sich um: Sie finden Interpretationen dieser Stereotype überall. Und Sie sind ganz selbstverständlich in der Lage, diese Klischees zu entziffern und die beschriebenen Personen sofort richtig **einzuordnen**.

Der Grund dafür ist ganz einfach: Jeder von uns wächst in einem bestimmten sozialen Milieu auf, das sich durch bestimmte Codes von anderen Milieus deutlich unterscheidet. Wie diese Unterscheidungen funktionieren, haben wir im Laufe unseres Lebens so gelernt, wie wir auch Sprechen und Laufen gelernt haben. Nur, dass uns das nicht bewusst ist.

Und so glauben wir, genau wie viele HR-Manager, die sich im Laufe ihrer Ausbildung intensiv mit **Kompetenzen**, mit **Soft Skills**, mit **Personalentwicklung** und mit der **Psychologie der Persönlichkeit** beschäftigt haben, sie schauten im Vorstellungsgespräch exakt auf diese Punkte. Tatsächlich aber reagieren sie – sicherlich nicht nur, aber doch zu einem ganz erheblichen Ausmaß – auf **soziale Codes**: angefangen beim Sprachstil des Kandidaten über seine Art sich zu bewegen bis hin zu seiner Kleidung und den von ihm zur Schau getragenen Statussymbolen (Auto, Uhr, Brille, Füllfederhalter, Ledermappe, elektronische Kommunikationsgeräte). Weisen Habitus und Outfit Ähnlichkeiten zu dem im Unternehmen praktizierten Stil auf, entsteht ein guter „erster Eindruck". Ein gutes Bauchgefühl, das von vielen Personalverantwortlichen als Garant für das Leistungsvermögen des Kandidaten interpretiert wird. Manchmal mag das zutreffen, häufig schnappt hier jedoch die im ersten Kapitel erwähnte Stallgeruch-Falle zu (Grund Nummer 2 aus der Liste der Gründe für Fehlbesetzungen) oder es handelt sich um einen Fall von Erster-Eindruck-Blindheit (Grund Nummer 4). Beide Gründe können auch gemeinsam auftreten.

Eine Frage des Habitus

Dem französischen Soziologen Pierre Bourdieu verdanken wir detaillierte Studien zu diesen Codes und einen schönen Begriff, der die gesamte Thematik auf einen einzigen Punkt zuspitzt: **Habitus**.

Unter Habitus versteht Bourdieu ein komplettes Set an „Klassifikationen und Unterscheidungsprinzipien, Bewertungs- und Denkschemata" (Krais/Gebauer 2010, S. 37), die sich in einer ganz bestimmten Praxis der Lebensführung niederschlagen. So pflegt jedes soziale Milieu eine ganz eigene Art zu sprechen und miteinander umzugehen. In jedem Milieu treffen wir unterschiedliche Vorlieben für bestimmte Speisen, Kleidungsstücke, Schmuck, Wohnungseinrichtungen, Urlaubsdestinationen und Automobilmarken an. Wir halten dies alles für eine Frage des individuellen „Geschmacks" – doch letztendlich handelt es sich immer auch um die Konventionen eines bestimmten Milieus.

Jedes Milieu hat eigene Vorstellungen davon, wie freie Zeit zu gestalten ist: Oper oder Kino, Coaching oder Shopping, Yoga oder Fußball, Sammeln von kleinen Modellautos oder großen Oldtimern. Jedes Milieu pflegt eigene Moralvorstellungen oder eigene Prinzipien im Umgang mit den Zumutungen der Erziehung und mit den eigenen Abgründen – und nicht zuletzt eigene Formen im Umgang mit anderen Milieus. Denn **die anderen** werden typischerweise nicht nur als **anders**, sondern als statushöher oder ebenbürtig oder, im Vergleich zur eigenen Position, als unterprivilegiert wahrgenommen. Beate Krais und Gunter Gebauer zeigen in ihrem Buch **Habitus**, wie sich das auf den Einzelnen auswirken kann (Krais/Gebauer 2010, S. 43):

> *„Wer in der Wohlhabenheit, in ökonomischem und kulturellem Reichtum, in der damit gegebenen Sicherheit und Freiheit aufgewachsen ist, entwickelt nicht nur einen anderen Geschmack, sondern auch ein anderes Verhältnis zur Welt als jemand, der von frühester Kindheit an mit Not und Notwendigkeit, mit Distanz zu den Produkten der Hochkultur, mit sozialer Unsicherheit ebenso wie mit der Notwendigkeit des Sich-Wegduckens und Stillhaltens gegenüber den Einflussreichen und Mächtigen konfrontiert war."*

Das eigene Verhalten, die eigenen Dinge und Aktivitäten entpuppen sich aus dieser Perspektive nicht nur als bloßes Sein oder **Haben**, sondern als Zeichen, als Codes. Als eine komplette Ordnung aus Symbolen, die eindeutig anzeigen: im sozialen Gefüge stehe ich genau hier. Nicht weiter oben, nicht weiter unten, nicht weiter rechts, nicht weiter links.

Wobei wir bei der Eindeutigkeit ein paar Abstriche machen müssen. In der uns umgebenden symbolischen Ordnung können auch Widersprüchlichkeiten und Brüche angelegt sein. So erleben zum Beispiel weibliche Sprösslinge aus gutem Hause, dass ihnen durch ihren großbürgerlichen Habitus mit allem, was an Outfit-Kenntnissen und Verhaltensrepertoire dazu gehört, im Prinzip die besten Karrierewege offen stehen. Dass sie aber eben als Damen dieser Klasse doch nicht exakt den gleichen Habitus an den Tag legen können und dürfen wie die Herren und dass sich allein aus diesem Grund manche Wege als nicht gangbar erweisen.

Oder: Zöglinge aus ebenso gutem Hause, die einen sichtbaren Migrationshintergrund mitbringen, erfahren trotz ihres perfekten Oberklassen-Habitus aufgrund ihrer Ethnie, dass sie irritieren: Hier wird es in Zukunft sicherlich Veränderungen geben. Die Deutschland AG ist seit der Globalisierung und seit dem langsam einsetzenden Generationswechsel an den Unternehmensspitzen kein reiner Heimatverein mehr. Im DAX 30 gibt es schon jetzt acht Vorstände aus dem Ausland. Das sind Persönlichkeiten – so schreiben Sven Clausen und Jörg Eigendorf in ihrem Beitrag **Die neuen Königsmacher** (Welt am Sonntag, 19.1.2014) –, die „in der Regel nicht mehr mit ihren Unternehmen verheiratet sind, die einen Leistungspakt und keinen Lebenspakt mit ihrem Arbeitgeber geschlossen haben".

Vermutlich werden sich die typisch deutschen Milieus, die das Markt- und Sozialforschungsinstitut **Sinus** immer wieder neu vermisst, unter dem Einfluss der Globalisierung weiter verändern.

Die Sinus-Milieus in Deutschland

Nach einer bekannten Darstellung des Forschungsinstituts **Sinus** verteilt sich die deutsche Bevölkerung in einer Art Kartoffelacker. Dieses Ergebnis resultiert aus den Clustern der untersuchten Bevölkerung entlang zweier Dimensionen. Auf der x-Achse wird die Grundorientierung abgebildet: von einer festhaltenden, traditionellen Haltung auf der linken Seite bis hin zu einer für Veränderungen offenen Haltung auf der rechten Seite. Auf der y-Achse lässt sich die soziale Lage der Milieus ablesen: von den prekären Milieus der Unterschicht am unteren Ende bis zu den wohlhabenden Vertretern der Oberschicht am oberen Ende der Skala.

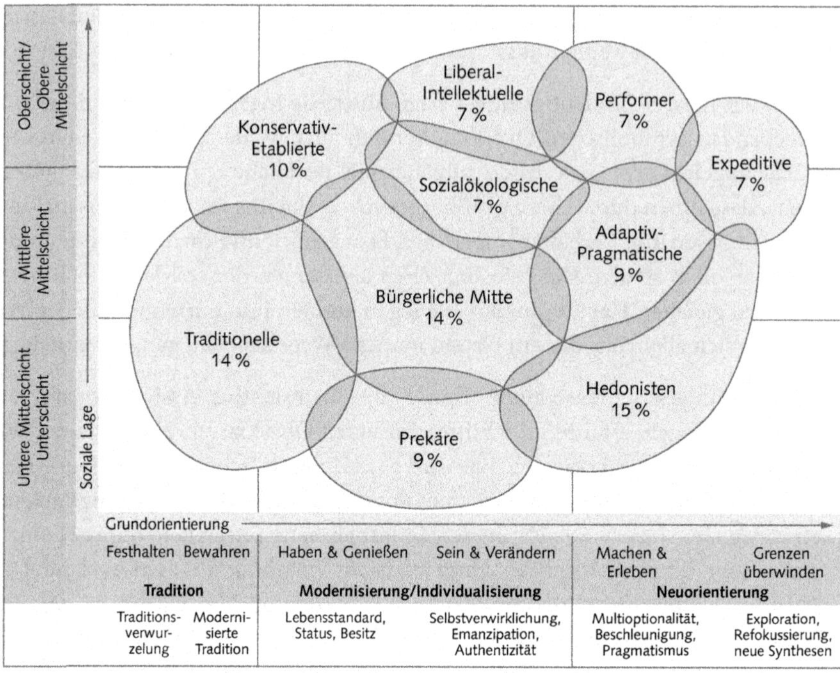

Abbildung 4: Die Sinus-Milieus® in Deutschland 2015. Soziale Lage und Grundorientierung (Quelle: SINUS-Institut)

Verkörperte Erfahrungen

Der Habitus eines Menschen ist keine reine Frage seiner Einstellung, seines Verhaltens und seines Geschmacks. Der Habitus formt vielmehr auch den Körper selbst – um nicht zu sagen: Er verformt den Körper. Und diese Formung, sichtbar in der Haltung, in den Gesten, im Umgang mit dem eigenen Körper und sogar in den Furchen, die sich im Gesicht abzeichnen, lässt sich in den meisten Fällen nachträglich nicht mehr korrigieren. Der Körper ist nicht nur ein Medium, schreiben Krais/Gebauer, „in dem sich der Habitus **ausdrückt**; vielmehr **ist** der Körper als Speicher sozialer Erfahrung wesentlicher Bestandteil des Habitus." (Krais/Gebauer 2010, S. 75). Oder, wie es Bourdieu selbst sagt: (Bourdieu 1999, S. 161).

„Der Habitus ist das Körper gewordene Soziale."

Ein sozialer Auf- oder Absteiger gibt sich immer zu erkennen – und zwar gegen seinen eigenen Willen. Er kann die Codes seines angestrebten Milieus zwar auswendig lernen und sich mit den in spe standesgemäßen Gegenständen ausstatten. Doch wird er damit nie so souverän umgehen wie jemand, der damit aufgewachsen ist. Er kann sich eine bestimmte Art zu sprechen oder sogar zu denken antrainieren. Doch wird sein Herkunftsmilieu immer wieder durchscheinen.

Und das ist es, was viele an der nächsten Karrierestufe scheitern lässt. Als Grund sehen die betroffenen Kandidaten und tendenziell auch ihre Gesprächspartner in den Job-Interviews nicht ihr soziales Herkunftsmilieu, sondern einen ganz anderen Grund: ihre Persönlichkeit. Dazu ein Beispiel:

> Ein traditionsbewusster Mittelständler suchte eine neue kaufmännische Leitung. Zum Aufgabenfeld des zukünftigen Geschäftsführers sollten auch Repräsentationspflichten gehören und dies nicht nur gegenüber Gremien und Verbänden. Es ging auch um Events, bei denen es explizit gewünscht wurde, dass der Geschäftsführer mit Partnerin auftritt.
>
> Der zukünftige Geschäftsführer hatte nach mehreren Gesprächsrunden bei den Geschäftsführungskollegen, im Führungskreis und mit den Mitarbeitern einen exzellenten Eindruck hinterlassen, in fachlicher und persönlicher Hinsicht. Er hinterließ den Eindruck eines kultivierten, bodenständigen, familienorientierten, seriösen Menschen, von dessen Passung aus fachlicher und persönlicher Sicht alle überzeugt waren.
>
> Schließlich lud das Unternehmen den Geschäftsführer in spe und seine Frau in das beste Lokal der Stadt ein. Anwesend waren die beiden anderen Geschäftsführer und ihre Partnerinnen sowie der Personalvorstand und seine Frau. Der Kandidat erschien dem Anlass angemessen im guten Zwirn. Die Stimmung war festlich, vor dem Essen wurde mit einem Glas Champagner auf den zukünftigen Kollegen angestoßen. Die Partnerin des künftigen Geschäftsführers stach allerdings aus der Runde hervor.
>
> Sie war in einem Alter, in dem sie gut als Tochter ihres Partners hätte durchgehen können. Ihr Dresscode war abgestimmt auf einen Clubbesuch: offenherzig, kurz, sexy. Ihre Aussprache verriet einen Migrationshintergrund, ihr Habitus ein völlig anderes Herkunftsmilieu als das der anderen Anwesenden, ihre Interessen überschnitten sich an keiner Stelle mit denen der anderen

Gäste, so dass eine Unterhaltung auf Augenhöhe nicht gelang. Die Verwunderung darüber stand den Geschäftsführerkollegen und ihren Partnerinnen ins Gesicht geschrieben.

Auch wenn Privates privat ist und die Partnerin in diesem Fall sicherlich nicht die Qualitäten des Geschäftsführers beeinflusste, so waren öffentliche Auftritte des Geschäftsführer-Ehepaars doch ein wichtiger Teil des Anforderungsprofils. In diesem Fall war das Unternehmen zwar von der Passung des Kandidaten, aber nicht von der Passung seiner Partnerin überzeugt. „Ihre Persönlichkeit passt nicht zu uns", hieß es intern. Tatsächlich aber passte der Habitus der Dame nicht ins gewünschte Bild. Hat der Kandidat den Job bekommen? Nein.

Dieses Erlebnis zeigte mir, wie plötzlich ein langer und eigentlich erfolgreicher Auswahlprozess durch eine scheinbare Kleinigkeit zunichte gemacht werden kann. Und es bewies außerdem, dass der Habitus eines Bewerbers – und bei entsprechend gestalteten Positionen auch der seines privaten Umfelds – im Laufe des Bewerbungsprozesses möglichst früh in Augenschein genommen werden sollte. Ein gemeinsames Essen erweist sich hier immer wieder als gutes Diagnoseinstrument.

Vom Habitus zur Persönlichkeit

Eine Umfrage der Managementberatung Kienbaum unter 141 Personalverantwortlichen bestätigte das, was ohnehin allgemein als Konsens gilt: Einstellungen scheitern häufig an der Persönlichkeit des Kandidaten. Doch was heißt eigentlich **Persönlichkeit**? Fragt man Personalverantwortliche, bekommt man Stichworte wie

- sympathisches Auftreten
- vertrauenswürdige Ausstrahlung
- Teamfähigkeit
- Kommunikationsgeschick
- Integrität
- Erfolgsorientierung.

Psychologen beten eher die **Big Five** aus der Persönlichkeitspsychologie vor:

- Neurotizismus
- Extraversion
- Offenheit für Erfahrungen
- Verträglichkeit
- Gewissenhaftigkeit

Ich bin überzeugt davon, dass sich in unserem Eindruck von einem Menschen die Ausprägungen des Habitus und die der Persönlichkeit sehr stark überlagern. Und dass wir im Rahmen eines kurzen Vorstellungsgespräches viel eher einen validen Eindruck des Habitus bekommen als einen der Persönlichkeit. Und, nicht zuletzt, dass wir beides miteinander verwechseln.
Im Klartext: Ein selbstbewusstes, bürgerliches Auftreten, eine eloquente Sprache und hochwertiges Schuhwerk halten wir schnell für Merkmale einer starken Persönlichkeit. Und das vielleicht unsichere Auftreten eines Kandidaten aus einem anderen Milieu, einer anderen Ethnie oder auch nur das sich von **Alphamännchen**-Gebaren doch deutlich unterscheidende Auftreten von Kandidat*innen* halten wir auch heute noch viel zu schnell für Merkmale einer schwächeren Persönlichkeit.

Eliteforscher Michael Hartmann bestätigte in seinen Studien, dass in den Unternehmen folgende Punkte als Kennzeichen für eine starke Persönlichkeit gelten (Hartmann 2008, S. 141):

- Kenntnis der Dress- und Benimmcodes
- breite Allgemeinbildung
- unternehmerisches Denken
- persönliche Souveränität

Ich unterstelle, dass interne Personalverantwortliche bei ihren Gesprächen ebenfalls hauptsächlich diese vier Punkte abklopfen. Was im Prinzip sinnvoll ist – alle vier Punkte tragen schließlich maßgeblich zum Erfolg einer Person bei. Hinderlich ist aber das Missverständnis, dem beide Seiten aufsitzen: Die Kandidatenwahl wird meiner Einschätzung nach in der Regel nicht (oder nicht nur) mit psychologischem Geschick getroffen, sondern vielmehr mit soziologischem Spursinn.

Wenn das unreflektiert bleibt, kann in einem Unternehmen insgesamt oder auf einer Führungsebene eine so starke soziale Homogenität entstehen, dass Kreativität, Kritik und die Fähigkeit zum Querdenken auf der Strecke bleiben.

Die Elite bleibt unter sich

Insgesamt beobachte ich: je höher die Hierarchieebene, desto homogener das soziale Milieu.

Laut Eliteforscher Michael Hartmann stammen vier von fünf Managern der 100 größten Unternehmen aus den oberen drei Prozent der Bevölkerung. Eine aktuelle Studie bestätigt dies auch für die mittleren Führungsebenen: Weniger als ein Prozent (!) der leitenden Angestellten kommen aus einem Elternhaus, in dem der Vater ungelernter Arbeiter war. Dagegen schaffen es zwei Drittel der Sprösslinge von leitenden Angestellten selbst in eine leitende oder zumindest hoch qualifizierte Angestellten-Position. So die aktuellen Ergebnisse des Wissenschaftszentrums Berlin für Sozialforschung (WZB). „In kaum einem anderen Industrieland ist die Durchlässigkeit der Gesellschaft so gering ausgeprägt wie in Deutschland", kommentiert die Heinrich-Böll-Stiftung, die die Untersuchung in Auftrag gegeben hatte (vgl. Pollak 2010).

Dass in Zukunft die Geburt eines Menschen noch mehr zählen könnte als seine Leistung, bestätigt auch das viel diskutierte Buch **Das Kapital im 21. Jahrhundert** von Thomas Piketty, Professor an der Paris School of Economics. Seine Datenauswertung weist darauf hin, dass sich Vermögen statt auf alle Bürger tendenziell immer stärker auf die bereits Vermögenden verteilt. Der Grund ist einfach: Privates Vermögen vermehrt sich schneller als das Pro-Kopf-Einkommen durch Wirtschaftswachstum. Die demokratische Errungenschaft der Chancengleichheit wird so weiter untergraben – was sich im nächsten Schritt auch auf die soziale Durchlässigkeit auf der Karriereleiter auswirkt.

Ich bewerte diese Befunde nicht. Ich möchte lediglich auf zwei Folgeprobleme hinweisen, die in den ökonomischen und politischen Diskussionen oft übersehen werden. Und zwar auf zwei Ebenen:

Kandidaten: Der systemimmanente Grund der individuellen Chancen-Ungleichheit ist für den Einzelnen oft nicht sichtbar. So fühlt sich ein erfolgreicher, milieubedingt privilegierter Kandidat in seiner Leistungsfähigkeit, seinem Talent und seiner Persönlichkeit bestätigt, während sich ein unterprivilegierter Kandidat seinen Misserfolg selbst anlastet. Die Psychologie beschreibt die subjektiven Zuschreibungen von Ursachen für bestimmte Verhaltensweisen oder Ereignisse als **Attributionsstile** (vgl. z. B. die Attributionstheorie von Bernard Weiner, siehe Literaturverzeichnis). Es sind genau diese Stile, die hinter dem Teufelskreis der Demotivation stehen können. Im Detail: Ein unterprivilegierter Kandidat vermutet Schwächen in seiner Performance, seiner Erfahrung, in seiner Vorbereitung auf den Termin – also in **internen**, selbst kontrollierbaren, mehr oder weniger stabilen Ursachen. Außerdem in seinem Talent, in seiner Persönlichkeit – dies wären **interne**, nicht kontrollierbare, stabile Faktoren. Dass **externe**, stabile, nicht kontrollierbare Faktoren wie eine unreflektierte Stereotypenfixierung der Personalabteilung eine Rolle spielen könnten, wird er tendenziell nicht in Erwägung ziehen. Daher wird er sich weiter selbst zu optimieren versuchen – ohne den erhofften Effekt. Andere ziehen an ihm vorbei, weil sie von exzellenten Kontakten ihrer Familien profitieren oder vom Alumni-Netzwerk einer privaten Hochschule. Da dies diskret im Hintergrund geschieht, bleibt es unsichtbar und unreflektiert. Die Folge: Frust. (Auf der anderen Seite: überzogene Selbstbilder bei den privilegierten Kandidaten.) Das ist fatal: Denn je erfolgsmotivierter ein Kandidat ist, desto mehr erklärt er sich den Misserfolg im Bewerbungsprozess mit der eigenen Anstrengung. Die eigentlich milieubedingte Schere zwischen erfolgreichen und abgelehnten Kandidaten öffnet sich so immer weiter – vorhandene Potenziale gehen sang- und klanglos unter.

Unternehmen: Wird die Dynamik des Systems nicht reflektiert, kann es in den Unternehmen zur Bildung von Monokulturen kommen. „Monokultur bedeutet letztendlich immer Inzucht“, so Dieter Frey, Professor für Sozialpsychologie an der Ludwig-Maximilians-Universität München in der Zeitschrift **managerSeminare**. „Alle denken gleich, sind gleich gestrickt, verhalten sich gleich. Aber sie machen auch die gleichen Fehler und laufen gemeinsam in die falsche Richtung.“ (managerSeminare 175, 2012, S. 78, vgl. auch Eckelt 2014a, S. 242)

Wir sehen Nachteile auf jeder Ebene – und dennoch ein enormes Beharrungsvermögen des Systems. Daher stellt sich die Frage: Wie ist das soziale Oben und Unten, Rechts und Links mit seinen symbolischen Ordnungen signifikanter Unterschiede überhaupt entstanden? Und warum halten sich diese Unterschiede so hartnäckig?

Kleine Zeichen, große Wirkung

Dass Menschen sich nicht nur als voneinander verschieden, sondern sich im Blick auf ihr Gegenüber als überlegen oder unterlegen wahrnehmen – das ist wohl so alt wie die Menschheit selbst. Statusunterschiede zementieren wir über einen dominanten oder unterwürfigen Habitus. In seinem Buch **Was für ein Affentheater – Wie tierische Verhaltensmuster unseren Büroalltag bestimmen** (2006) zeigt Autor Richard Conniff sehr amüsant, dass bereits unsere Vorfahren über vielfältige Habitus-Spielarten verfügten, die wir auch heute noch in jedem Büro wiederfinden können.

Im Unterschied zu Gorillas indes arbeiten wir heute mit differenzierteren Statussymbolen. Hier sind zwei Bereiche wesentlich: Kleidung und Gebrauchsgegenstände.

Wie Kleider Leute machen

Seit jeher trägt nicht jeder einfach das, wozu er Lust hat, sondern das, was seinem Rang entspricht. Mittelalterlichen Quellen zufolge sollten sich Bauern zum Beispiel schwarz und grau kleiden und Schuhe aus Rindsleder tragen. An vielen Höfen in Europa gab es genaue Vorschriften darüber, welche Kleidungsstücke ausschließlich der höfischen Gesellschaft erlaubt waren und was auch der niedere Adel tragen durfte. So wurde in Venedig im Jahr 1430 genau festgelegt, wie hoch die Absätze von Schuhen ausfallen durften. Im Frankreich des 16. Jahrhunderts war das Tragen von Seidenkleidern nur Prinzessinnen und Gräfinnen erlaubt. Und Elisabeth I von England gestattete ebenfalls im 16. Jahrhundert nur hohen Adeligen das Einweben von Gold- und Silberfäden in die Gewänder (Ullrich 2008, S. 17). Auch das Tragen von Pelzkrägen war eng reglementiert – und es amüsiert mich immer wieder, dass es die Nachfahren derartiger Pelzkrägen heute bei jedem Discounter gibt. Die Aura des Edlen scheint sich auch auf dem Wühltisch noch hartnäckig zu halten.

Kleiderordnungen gab es nicht nur im Mittelalter. Noch um 1900 konnte man die Teilnehmer einer gesetzgebenden Versammlung in der Schweiz mit Blick auf ihre Kopfbedeckungen unterscheiden: Großbürgerliche Liberale trugen Zylinder, Mittelstandsdemokraten Melone und Demokraten einen Schlapphut. Interessant dabei ist die Bewegungseinschränkung, die diese unterschiedlichen Hüte mit sich bringen: Ein Zylinder kippt schon bei 20 Grad Kopfneigung vom Haupt, eine Melone bei 45 Grad und ein Schlapphut bei 90 Grad (Hellmann 2003, S. 412). Das zeigt: Wer Zylinder trägt, kann einfache Arbeiten nicht ausführen – ein Schlapphut-Träger dagegen ist auf derartige Arbeiten bestens eingerichtet.

Das „Prinzip der Unbeweglichkeit" gilt bis heute für die Kleidung der Upper Class. Selbst der beste Maßanzug ist eben nicht so bequem wie ein Jogging-Anzug. Und das soll er auch gar nicht sein. Wie Kleidung Leute macht, beschreibt Kleidungspsychologe John C. Flügel wie folgt (Flügel 1986, S. 208):

> *„Im Fall eines uns bislang unbekannten Menschen sagt uns die Kleidung, die er trägt, sofort etwas über sein Geschlecht, seinen Beruf, seine Nationalität und seinen gesellschaftlichen Status; lange bevor wir damit beginnen können, seine Züge und seine Sprechweise genauer zu erkunden, sind wir somit in der Lage, unser Verhalten ihm gegenüber vorläufig festzulegen."*

Wie Dinge Status verleihen

Die Kultur unserer Dinge lässt sich in zwei Kategorien einteilen. Auf der einen Seite stehen die Gegenstände, die praktisch und alltagstauglich sind. Die Funktion steht an erster Stelle, daraus ergibt sich die Form.

Auf der anderen Seite stehen die Luxusgüter. Hier ist es umgekehrt. An erster Stelle steht die Form, an zweiter die Funktion. Der Form wird das entscheidende Plus an Wertigkeit über verschiedene Strategien verliehen: So besteht das aufzuwertende Ding zum Beispiel aus einem edleren Material: Der Löffel statt aus Aluminium aus Silber, die Füllerspitze statt aus Stahl aus Gold, die Uhr statt aus Plastik aus Platin. Oder: Der Gegenstand wird aufwändiger hergestellt. Statt in einer Fernost-Fabrik in einer französischen Manufaktur. Oder: Das Ding bekommt einen Mehrwert durch den Ruhm des Designers, Herstellers oder Verkäufers. Es wird also nicht in einem nordeuropäischen Möbelhaus für Selbstbauer abgeholt und mühsam eigenhändig montiert, sondern von einer ersten Adresse geliefert. Mit Echtheitszertifikat. Statt Sofa **Klippan** Sitzobjekt **Knoll**.

Das zeigt, dass in jüngster Zeit neben Form und Funktion weitere Faktoren über den Vertriebserfolg entscheiden: Die Story des Produkts oder des Unternehmens. Erlebnis. Emotionen. Gebündelt in einer Marke – einem Code.

Eigentlich ist das Ergebnis das gleiche: Man sitzt, man schaut auf die Uhr, man schreibt. Doch die Luxusvariante macht aus einem nützlichen Gegenstand mehr:

Das aufgewertete Ding ist entweder vom Materialwert her oder im Falle einer gelungenen Markenbildung real oder auch nur gefühlt hundert oder tausend Mal so viel wert wie sein alltägliches Pendant. Damit wird es zu einem Statussymbol, mit dem sich sein Besitzer auszuzeichnen versucht. Gernot Böhme, Professor em. an der TU Darmstadt und Direktor des Instituts für Praxis der Philosophie, erklärt dies so (Böhme 2013, S. 46):

> *„Statussymbol (...): Eine Ware, die man erworben hat, dient einem zu nichts weiter als zu zeigen, daß man in der Lage ist, sie zu erwerben."*

Der US-amerikanische Ökonom und Soziologe Thorstein Veblen hat dies in seiner **Theorie der feinen Leute** schon im Jahr 1899 sehr treffend zugespitzt: Wer etwas auf sich hielt, erbrachte den „Beweis der Zahlungsfähigkeit" bevorzugt durch „demonstrative Verschwendung". So schaffte er Distanz. Und so funktioniert es immer noch.

Unsere Dinge befriedigen nicht nur unsere Primärbedürfnisse (das Haus gibt Unterschlupf, der Anzug hält warm, das Auto transportiert, das Telefon ermöglicht Kommunikation), sondern auch Bedürfnisse auf anderen Ebenen: Wir wollen uns von anderen Statusgruppen unterscheiden und wir wollen Zugehörigkeit zu unserer eigenen Statusgruppe anzeigen. Es geht also um die Inszenierung eines Images, das auf die Festigung einer bestimmten Stellung in der sozialen Hierarchie abzielt. Und zwar nicht nur für einen Tag, sondern kontinuierlich. Weil im Prinzip alle dieses Spiel mitspielen, haben sich zumindest in den konsumorientierten, westlichen Industrienationen über viele Dekaden hinweg allgemein akzeptierte Statussymbole herauskristallisiert. Jeder kennt sie. Jeder kauft sie. Und jeder weiß, wer damit was zeigen und von wem wer sich damit unterscheiden will.

Denn darum geht es: Die Statusspiele werden über ein bestimmtes, für das eigene soziale Milieu typisches Symbol und über bestimmte Verhaltensweisen inszeniert, um Unterscheidungen nach rechts, links, oben und vor allem nach unten deutlich zu machen. Anders als zum Beispiel beim Anzeigen einer bestimmten Vereinszugehörigkeit geht es hier um existenzielle Wünsche („Hier will ich dazu gehören!") und noch mehr um existenzielle Angst („Bloß kein sozialer Abstieg!"). Daher die Vehemenz, mit der die Mitglieder eines Milieus an der permanenten Aufrechterhaltung dieser Unterschiede arbeiten. Und daher die permanente Reproduktion der sozialen Diskrepanzen. Natürlich sind Bewegungen innerhalb des Systems denkbar und möglich: Symbole verändern sich, Mitglieder einzelner

Milieus wechseln ihre Position. Doch insgesamt zeigt sich ein enormes Beharrungsvermögen. Das System reproduziert sich selbst nach seinen eigenen Regeln: Autopoiesis nennen Systemtheoretiker wie Niklas Luhmann dieses Phänomen (Luhmann 1986, S. 269):

> *„Ein soziales System kommt zustande, wann immer ein autopoietischer Kommunikationszusammenhang entsteht und sich durch Einschränkung der geeigneten Kommunikation gegen eine Umwelt abgrenzt. Soziale Systeme bestehen demnach nicht aus Menschen, auch nicht aus Handlungen, sondern aus Kommunikationen."*

Daraus erwächst laut dem Markenexperten Kai-Uwe Hellmann ein „geradezu unersättlicher Bedarf an der symbolischen Überformung vieler Sach- und Dienstleistungen, um diesen Kampf um Anerkennung in der Sphäre des Konsums permanent mit Munition zu versorgen; und je mehr das Angebot diesem Bedarf zu entsprechen verspricht, desto begehrter wird es nachgefragt". (Hellmann 2003, S. 377)

Jede Branche hat ihren eigenen Habitus: In der Automobilindustrie brauchen Sie eine hervorragend gearbeitete Uhr mit dem Logo einer Manufaktur aus der Schweiz oder aus der Sächsischen Schweiz, als Gestalter einen schwarzen Rollkragenpullover, als Arzt eine Hornbrille, als Komponist eine wirre Frisur. Sie kennen die Dynamik sicherlich aus Ihrem Umfeld. Und wenn Sie in der Automobilbranche, der Textilbranche oder der Kommunikationsbranche tätig sind, dann wissen Sie auch, dass dies ein wichtiger Motor Ihres Business ist.

Vom Bildungsbürger zum Konsumbürger

„Wichtiger als das Image einer Person (‚aus einer guten Familie') ist inzwischen das Image der Dinge, womit sie sich umgibt", bestätigt der Kunsthistoriker Wolfgang Ullrich in seinem Buch **Habenwollen** (Ullrich 2008, S. 29). Seiner Einschätzung nach bedeutet heute das **Haben** nicht nur mehr als das **Sein**, nein, es ist noch mehr geworden: **Haben** bedeutet **Werden** (Ullrich 2008, S. 52).

Mit dem, was ich habe, zeige ich das Ziel meiner Karriere an. Das ist, historisch gesehen, neu. Abkömmlinge des Adels bezogen traditionell ihr Selbstbewusstsein aus den Gütern, die sie erbten. Der frühe Bildungsbürger fuhr eine andere Strategie: Er setzte auf Fleiß und je nach Region und Religion sogar auf Askese und er bezog Selbstbewusstsein daraus, welche Goethe-Ausgaben in seinem Bücherschrank prangten, dass seine Gattin Klaviersonaten spielte und der Nachwuchs lateinische sowie altgriechische Lebensweisheiten im Original zitieren konnte.

Heute hat sich diese Quelle des Selbstverständnisses von der Bildung auf den Konsum verschoben. Nicht mehr **Goethes Faust** im Regal verleiht Status, sondern **Patek Philippe** am Handgelenk. Nicht mehr Wissen demonstriert Souveränität, sondern der souverän ausgewählte Schuh.

Tatsächlich stehen bestimmte Marken heute für Macht und auch für Erfahrung und Persönlichkeit. Laut Ullrich ist der Erwerb von Markenartikeln mit langer Tradition heute ein wichtiger Treibstoff, sogar ein „Beschleunigungsmittel" für die erfolgreiche Biografie. Label wie **Chanel** oder **Jaguar** sind für ihn „Beispiele für Marken, die den Konsumenten nicht nur einen Lifestyle nahelegen, sondern zugleich gewachsene Autorität ausstrahlen." (Ullrich 2008, S. 195)

Das heißt, wenn dieser Befund wirklich zutrifft: Lebenserfahrung und Reife muss man sich nicht mehr durch viele Jahre Arbeit und Mühsal erwerben – man kann sie einfach kaufen. Das gilt übrigens nicht nur für Luxusprodukte, sondern auch für einfache Jeans, die man heute selbstverständlich nicht mehr selbst abnutzen muss, sondern mit vorgefertigten Löchern erwerben kann. Der Kenner erkennt den Unterschied und bevorzugt die teurere Variante, also die industriell hergestellte Patina.

Ich persönlich habe den Eindruck, dass vor allem der Besitz bestimmter Uhrenmodelle – insbesondere solche aus limitierter Auflage und aus besonders edlen Werkstoffen – heute eine ähnliche Wirkung hervorruft wie im Mittelalter ein Ritterorden. Mit dem Unterschied, dass ein Ritterorden von einem politisch Vorgesetzten verliehen wurde, die Patek Philippe-Uhr aber verleiht man sich heute kurzerhand selbst. Oder leiht sich die notwendigen Mittel bei der Kreditbank. Dazu Böhme (Böhme 2013, S. 17):

> *„Wir nehmen heute (…) primär nicht einmal die Waren in ihrer ästhetischen Gestalt wahr, sondern nur das, was auf ihnen steht, ihr Markenzeichen, also Signale."*

Richtig erkannt: Bei Kleidung und Prestigeobjekten handelt es sich um reine Oberflächenphänomene, die mit einer tatsächlichen Reife oder mit Integrität überhaupt nichts zu tun haben. Die aber, wenn es um einen erfolgreichen Kontakt zwischen einem suchenden Unternehmen und einem Kandidaten geht, bei einigen Auftraggebern erstaunlich schwer ins Gewicht fallen.

Die Praxis des Zeigens

An dieser Stelle möchte ich einen entscheidenden Schritt ergänzen, der viel zu häufig übersehen wird. Prestigeobjekte aller Art sind in der Kommunikation keine selbständigen Akteure. Ihre Wirkung entströmt ihnen nicht von selbst, sondern sie entsteht durch das aktive Zutun aller Beteiligten. Das heißt: durch denjenigen, der ein symbolisch und/oder emotional aufgeladenes Ding aktiv zeigt und damit **sehen lässt**. Und durch denjenigen, der sich von dem gezeigten Gegenstand aktiv beeindrucken lässt. Diese Praxis des Zeigens (vgl. Wiesing 2013) in der Interaktion funktioniert natürlich nur dann, wenn beide Akteure in ihrer Einschätzung des Wertes oder des Sinns der gezeigten Dinge übereinstimmen.

Für die Auswahl von Kandidaten heißt das: Das Zeigen von Statussymbolen wie einer bestimmten Markenuhr oder einer bestimmten Business-Tasche ist nur dann relevant, wenn auch der Gesprächspartner meines Kandidaten dies für relevant hält. Meine Erfahrung zeigt: Die meisten Entscheider in der Automobilbranche halten dies für relevant. Wobei das Zeigen der richtigen Marken allein meinen Kandidaten noch nicht zum richtigen Kandidaten macht. Selbstverständlich muss der Bewerber erfahren und leistungsfähig sein. Doch die Performance ist mitunter das „Tüpfelchen auf dem i".

Willkommen in der Performance-Gesellschaft

Je unklarer die Anforderungen, „desto stärker indiziert das Outfit die erforderlichen Qualifikationen", konstatiert Sighard Neckel, der sich intensiv mit der symbolischen Reproduktion von Ungleichheiten auseinandergesetzt hat. (Neckel 2000, S. 63)

Obwohl darüber ungern gesprochen wird, trifft diese Einschätzung zu: In vielen Unternehmen ist es nicht völlig klar, wer im Moment eigentlich was genau macht und wie die Leistungen und die Aufgaben exakt aussehen sollen, zu deren Erbringung er ursprünglich eingestellt wurde. Anforderungen bleiben vielerorts auch einfach deshalb unklar, weil sie sich permanent ändern.

Strukturen werden dezentralisiert oder ganz aufgelöst, Abläufe werden optimiert oder ständig neu erfunden. Unternehmen sind nicht mehr ein „Haus", sondern eine Ansammlung von Modulen, die je nach Bedarf so oder anders zusammengesetzt oder komplett abgeschafft werden. Die Wirtschaft wird insgesamt projektförmiger.

Für Manager und für Mitarbeiter heißt das: Anders als in tayloristisch organisierten Arbeitsformen sind sie nicht mehr „Exekutivorgan der Strukturen" (Knoblauch 2010, S. 252). Sie kommen vielmehr morgens in das Unternehmen, um sich in nicht standardisierten, oftmals unklaren Situationen professionell, pro-aktiv, irgendwie auch kreativ, kommunikativ, auf jeden Fall aber erfolgreich zu bewähren. Sich intensiv zu identifizieren und den Rollwagen mit den wenigen eigenen Unterlagen nach Bedarf heute hierhin und morgen dorthin zu schieben.

Es werden auch nicht mehr in erster Linie **Qualifikationen** verlangt – denn was heute noch ein wichtiger Leistungsnachweis, wesentliches Wissen oder eine gesuchte Fertigkeit war, kann morgen schon hoffnungslos veraltet sein. Statt Qualifikationen geht es zunehmend mehr um **Kompetenzen**. Damit sind direkt an eine Person gekoppelte Eigenschaften gemeint wie zum Beispiel die Fähigkeit zur Selbstorganisation oder zum lebenslangen Lernen.

Schon wegen der extrem variablen Strukturen ist es für jeden ratsam, jeden Tag Performance zu zeigen, um sich für nachfolgende Projekte in Position zu bringen. Und weil neben Äußerlichkeiten wie Titeln und Zeugnissen heute mehr denn je das per se nicht sichtbare Innere des Kandidaten zählt (Kreativität, Kommunikationsfähigkeit und so weiter), ist es doppelt wichtig, auf Performance zu setzen.

Der Begriff **Performance** stammt aus dem englischen Sprachraum und wird in den hiesigen Medien in zweifacher Hinsicht verwendet: Zum einen in Bezug auf den wirtschaftlichen Erfolg einer Person. Zum anderen in Bezug auf seine Art und Weise, sich selbst darzustellen. Diese zweite Seite des Performance-Begriffs deckt sich mit dem deutschen Begriff der „Performanz", der vor allem in der Wissenschaft verwendet wird.

Die Studie **Die Projektdarsteller: Karriere als Inszenierung** unter Federführung von Christiane Funken, Professorin für Sozialwissenschaften an der TU Berlin, arbeitet mit dem Performanz-Begriff und bestätigt deren wachsende Bedeutung (Funken et al. 2011, S. 112):

> *„Erst die Performanz einer Person lässt Rückschlüsse auf deren Kompetenz zu. Oder anders formuliert: Nur aufgrund der individuellen Performanz kann die Zuschreibung von Kompetenz als Grundlage für Beförderung erfolgen."*

Das heißt: Leistung braucht eine Darstellung, um als solche überhaupt wahrgenommen werden zu können.

Karriere als Inszenierung

Schon vor mehr als einer Dekade hatte sich Michaela Pfadenhauer, heute Professorin am Karlsruhe Institute of Technology/KIT, in ihrer Dissertation zum Thema **Professionalität** auf diese Spur begeben: „Professionalität lässt sich (...) wesentlich als Kompetenzdarstellungskompetenz kennzeichnen." (Pfadenhauer 2003, S. 116) Wer Profi ist, der weiß seine Rolle zu spielen.

Heute häufen sich die Befunde, dass sich der Anspruch an diese Darstellungskompetenz noch einmal verschärft hat. Und zwar so, dass es nicht mehr nur darum geht, sich selbst in seiner aktuellen Kompetenz zu inszenieren. Sondern als jemand, der **in Zukunft** ganz gewiss in ganz sensationellen Projekten brillieren wird. Funken formuliert ihren Befund wie folgt: „In der Wissensökonomie werden Personalbeobachtungen und -entscheidungen nicht länger ausschließlich in Bezug auf Leistungs**nachweise** getroffen, sondern eher hinsichtlich der erwartbaren Leistungs**fähigkeit** einer Person." (Funken et al. 2011, S. 177)

Und Christoph Bartmann bringt es in seinem Beitrag für die **Süddeutsche Zeitung** (vom 26.1.2012) so gnadenlos auf den Punkt, dass ich es hier ausführlich zitieren möchte:

> *„War Leistung einstmals etwas Vollendetes und zu Vollendendes im Sinne von ‚Ich habe dies und jenes vollbracht', hat Performance die Zeitform der Präsenz und des Präsens: ‚Seht her, was ich tue und als Nächstes tun werde (...). Es ist der Leistung, wenn sie Performance sein will, von Anfang an die Dimension des Zeigens und Versprechens eingeschrieben. Wir leben (...) in einer Zeit, in der (...) unser berufliches Reden eine stark werbliche Dimension angenommen hat."*

Es reicht also nicht, wenn wir etwas Gutes erreichen. Wir müssen auch darüber reden, und das nicht zu knapp.

Das Spiel ist Pflicht

Die historische Forschung zeigt, dass „Hochstapelei in der Lebensführung" schon seit dem 18. Jahrhundert in Mode gekommen ist (Hellmann 2003, S. 48). Nicht umsonst hat sich die so genannte Popper-Bewegung der 1980er Jahre Felix Krull, einen Hochstapler aus dem gleichnamigen Roman von Thomas Mann, zum Vorbild genommen. Jeder **kann** schon lange so tun als ob.

Was heute neu ist: Jeder **muss** auch so tun als ob. Selbstverwirklichung ist zu einer Pflicht geworden. Und da diese Verwirklichung auch in Zeiten der virtuellen Projektarbeit sichtbar werden muss, ist die Selbstinszenierung der neue Leistungs-Standard.

Das ist vielen Playern – nicht umsonst heißen sie heute **Player** – durchaus bewusst. Manche leiden unter dem Inszenierungszwang, anderen macht es Spaß und sie geben sich gegenseitig zu erkennen, dass sie das Spiel als Spiel längst durchschaut haben. So kann es sogar in einem Vorstellungsgespräch dazu kommen, dass beide Gesprächspartner bluffen und genau wissen, dass sie das tun. Status-Forscher Sighard Neckel nennt dies die „augenzwinkernde Übereinkunft der Bluffpartner". (Neckel 1991, S. 64)

Nun stehen wir vor der paradoxen Situation, dass Unternehmen einerseits immer mehr zu Theaterbühnen werden, auf denen Industrieschauspieler professionell improvisieren. Erste Befunde zum Phänomen dieser Theatralisierung gab es bereits in den 1980er Jahren (siehe Mangham 1987).

Und dass sie, andererseits, immer höhere Ansprüche an die Authentizität ihrer Führungs- und Fachkräfte anmelden. So stellt zum Beispiel eine Studie der Managementberatungs-Agentur SKP (2008), aber auch das Sozialforschungsinstitut Sinus (Wippermann 2010) Authentizität als Top-Anforderung an Manager heraus. „Integer, verlässlich, glaubwürdig, authentisch" solle die Führungskraft der Zukunft sein, so die Teilnehmer der Umfrage.

Wie passt das zusammen? Ich meine: Es sind zwei Seiten der gleichen Medaille. Die zunehmende Theatralisierung und Ästhetisierung unserer Arbeit und unseres Lebens führen zu einem starken Bedürfnis nach Echtheit, nach Unverstelltheit. Doch die Vorstellung, hinter dem gebügelten Gesicht, dem geglätteten Anzug und der edlen Krawatte stecke irgendwo ein „echtes Ich" ist Unfug. Wir können die Prägung durch unser soziales und kulturelles Umfeld nicht von uns abziehen. Es gibt uns nur mit dieser Prägung. Mit unserem für unser Herkunftsmilieu typischen Habitus. Das tut unserer Authentizität überhaupt keinen Abbruch. Unser Habitus gibt unserer Persönlichkeit und den von uns zu spielenden Rollen eine bestimmte Färbung, und genau das macht unsere Authentizität aus.

Vor einem Problem stehen wir aber dennoch – und jetzt nehme ich die Perspektive eines klassischen **Arbeitnehmers** ein: Wir müssen gegenüber unserem Arbeitgeber wahrhaftig wirken und zugleich den **richtigen** Eindruck vermitteln. Wobei nicht wir selbst bestimmen, welcher individuelle Habitus, welche persönlichen Ziele und Werte richtig sind, sondern unser Gegenüber. Wenn es uns gelingt, ihm gegenüber gut anzukommen, ist uns ein Paradoxon gelungen: Wir konnten uns als individualistisch **und** zugleich als konformistisch inszenieren. Individualistisch genug, um als authentisch durchzugehen. Und ausreichend konformistisch, um die gewünschten Ziele und Werte als unsere eigenen auszugeben, oder, anders gesagt, um nicht als Quertreiber zu gelten.

Als moderne Industrieschauspieler kommen wir um die Kunst der Selbstdarstellung nicht herum. Das jedoch ist kein Betrug, sondern Teil unseres authentischen Leistungsnachweises.

Was heißt das für Bewerbungsverfahren?

Damit ändert sich der Charakter von Bewerbungsverfahren grundlegend. Wir haben bereits gesehen, dass Personalverantwortliche sich häufig in der misslichen Lage wiederfinden, mit geringem Gestaltungsspielraum und zugleich unter hohem Erfolgsdruck agieren zu müssen. Die stereotypen Vorstellungen der Geschäftsführer in Bezug auf gewünschte Kandidaten lassen sich oftmals nicht realisieren. Und finden sich Kandidaten, die dem Wunschbild zumindest nahe kommen, lässt sich deren Leistungsfähigkeit und mögliche Passung im Unternehmen mit den gängigen Verfahren nicht dingfest machen: Weder sagen Testergebnisse genügend aus, noch kann man sich auf Zeugnisse, Arbeitsproben und Referenzen verlassen; und aus den üblichen Bewerbungstheatertexten („Meine besondere Stärke ist ein Hang zur Perfektion und das ist auch eine meiner leichten Schwächen ...") lässt sich kein scharfes Profil herausschneiden.

Also sind Personalverantwortliche oftmals zurückgeworfen auf eine Beurteilung anhand des Habitus, der Kleidung und der Prestigeobjekte, die ein Kandidat oder eine Kandidatin zeigen. Diese Situation ist natürlich sehr unbefriedigend.

Der Headhunter als Habitus-Coach

Aus genau diesem Grund spielt ein Headhunter heute eine völlig andere Rolle als noch vor einer oder zwei Generationen. Während es früher darum ging, Kandidaten mit der richtigen Leistungsfähigkeit, Leistungsbereitschaft und den passenden, amtlich bestätigten Leistungsbefugnissen zu finden, ist die Aufgabe heute komplexer.

Ein Headhunter muss im Kontext sozialer Codes, systemimmanenter Handlungszwänge und auch in den Rahmenbedingungen wachsenden ökonomischen Drucks für **suchende Unternehmen einen Mehrwert** schaffen. Das kann nur gelingen, wenn er die ungeschriebenen Spielregeln, die den handelnden Personen im Regelfall weder bewusst noch rational zugänglich sind, bis ins Detail versteht – und auch in der Lage ist, diese Regeln mitzuspielen.

So entsteht Vertrauen und so lassen sich auch neue Kandidaten in dieses Spiel einbringen. Selbstverständlich müssen auch Kandidaten heute **Leistung** bringen können, wollen und dürfen. Doch sie müssen auch **performen** können, wollen und dürfen. Anders als die Headhunter-Generationen vor mir bereite ich meine Kandidaten präzise auf das Spiel vor, das sie im Unternehmen erwartet. Wobei **präzise** heißt: Ich analysiere im Vorfeld exakt, welche Kultur in welchem Unternehmen – mehr noch: in welchem Bereich und in welcher Abteilung gelebt wird und welcher Habitus entsprechend dieser Kultur erfolgreich sein kann (dazu mehr in Kapitel IV). Und dann spreche ich Klartext:

> „Sie sind zu unsportlich für die Abteilung", sagte ich einem Kandidaten gerade ins Gesicht. „Wenn Sie dort erfolgreich sein wollen, müssen Sie abspecken, außerdem eine Puls-Uhr tragen und damit zeigen, dass Sie regelmäßig laufen." Verständnislos schaute er mich an. „Ja, Sie sind leicht übergewichtig, so etwas gibt es nicht in diesem Unternehmen. Wenn Sie dorthin wollen, dann fangen Sie an zu laufen. Nehmen Sie sich einen Personal Trainer, dann sehen Sie in drei Wochen schon ganz anders aus." Sichtlich beleidigt kämpfte der Kandidat mit dem Impuls, aufzustehen und mein Büro zu verlassen. Doch dann besann er sich, fragte nach, ob ich das wirklich ernst meine. Ich leistete noch eine halbe Stunde lang Aufklärungsarbeit zu den Zusammenhängen von körperlicher Fitness und geistiger Leistungsfähigkeit, dann verabschiedete sich mein Gesprächspartner. Nach drei Wochen trafen wir uns wieder. Er sah tatsächlich etwas trainierter, etwas schlanker aus. Nicht optimal, aber gut genug, um die erste Hürde in diesem Unternehmen zu nehmen. „Danke nochmal für den Lauftipp", sagte mir der Kandidat fröhlich, „es wirkt auf ganzer Linie, das hätte ich nicht gedacht."

Drittes Fazit

Soziale Codes haben eine zunehmende Wirkmächtigkeit entwickelt, die den Blick auf die tatsächliche Eignung eines Kandidaten verstellen kann.

▶ **Die aktuell in vielen Unternehmen praktizierte Personalauswahl ist immer auch ein Habitus-Check.**

- Auch wenn Personalverantwortliche versuchen, innerhalb eines Bewerbungsverfahrens zuverlässige Informationen über die Kompetenzen, die Persönlichkeit und Leistungsbereitschaft eines Kandidaten zu erheben, erfahren sie nicht viel mehr als den Habitus eines Bewerbers.
- Dieser zeichnet sich in seinem Outfit und seiner Sprache ab, in seinen Bewegungen und sogar in seiner körperlichen Beschaffenheit.
- Zu einem typisch bürgerlichen Habitus zählen insbesondere die Kenntnis von Dress- und Benimmcodes, eine breite Allgemeinbildung, unternehmerisches Denken und persönliche Souveränität.
- Diese Punkte werden als individuelles **mindset** eines Kandidaten erlebt – tatsächlich handelt es sich zum großen Teil aber um das **mindset** eines bestimmten Milieus.

Für Personalverantwortliche heißt das: Fixiert sich ein Unternehmen auf die Auswahl von Kandidaten mit einem ganz bestimmten Habitus, führt dies, erstens, regelmäßig zu einer drastischen Verringerung der in Frage kommenden Kandidaten und damit zum subjektiven Eindruck eines gravierenden Fachkräftemangels. Zweitens führt es dazu, dass fähige Kandidaten nicht als solche erkannt oder abgelehnt werden, nur weil sie einen anderen Habitus mitbringen. Drittens führt die enge Fixierung auf einen Habitus zu einer Monokultur, die der Innovationsfähigkeit des Unternehmens auf lange Sicht schadet. Wenn Sie als Personalverantwortliche in Ihrem Umfeld Bewusstsein für diese Zusammenhänge schaffen, können Sie Ihr Unternehmen tatsächlich nachhaltig weiter entwickeln. Die Erfahrung zeigt allerdings, dass Sie mit Widerständen rechnen müssen. Soziale Codes werden von den wenigsten als solche wahrgenommen und reflektiert. Das Thema erleben etliche Gesprächspartner sogar als Angriff auf Ihre Persönlichkeit, sehen sie doch die Wahl ihrer Uhr oder ihre eigenen Umgangsformen als Ausdruck ihrer Individualität – und nicht als Ergebnis einer bestimmten Milieuzugehörigkeit. Man braucht also Fingerspitzengefühl.

Der Habitus eines Kandidaten wird regelmäßig mit seiner Persönlichkeit verwechselt.

- Ein bürgerlicher oder sogar großbürgerlicher Habitus gilt vielen Personalverantwortlichen spontan als Zeichen für eine starke Persönlichkeit.
- Dagegen wird der Habitus eines sozialen Aufsteigers, manchmal auch der Habitus einer Bewerber*in* oder eines Kandidaten aus einem anderen Kulturkreis als Zeichen für eine schwache Persönlichkeit gewertet.
- Dies führt regelmäßig zur Einstellung von Kandidaten, die zwar über den richtigen Habitus verfügen, deren Persönlichkeit in der Praxis aber nicht überzeugen kann.
- Umgekehrt führt es zu einer Blindheit gegenüber starken Persönlichkeiten mit „falschem" Habitus.

Für Personalverantwortliche heißt das: Schärfen Sie Ihren Blick (und den Blick anderer Entscheider aus Ihrem Unternehmen) für das, was eine Persönlichkeit wirklich ausmacht. Aus Sicht der Psychologie geht es hier zentral um folgende Fragen: Wie neurotisch ist ein Kandidat? Wie extrovertiert? Wie offen? Wie verträglich? Und wie gewissenhaft? Gepflegte Maßschuhe und eine eloquente Sprache sagen über derartige Faktoren wenig bis nichts aus.

Heute lässt sich mit Garderobe und Statussymbolen Habitus simulieren, sogar Autorität und Erfahrung.

- Ein Anzug ist nicht einfach nur ein Kleidungsstück, ein Füller nicht nur ein Werkzeug, ein modernes Telefon nicht nur ein **mobile device**. Wir haben es vielmehr mit emotional in vielfacher Hinsicht aufgeladenen Statussymbolen zu tun. Seit Beginn der heutigen Konsumkultur haben sich zahlreiche Marken herausgebildet, die als soziale Codes immer wieder gezeigt und geteilt werden.
- Dass Menschen sich über den Besitz bestimmter Dinge sozial positionieren, ist kein neues Phänomen. Neu ist allerdings, dass das Zeigen von Stil, von Habitus und Statussymbolen heute immens an Bedeutung gewonnen hat. Es gilt also, Kandidaten für die passende Performance zu sensibilisieren und ihnen zu zeigen, wie sie auf diese Weise Kompetenz wirksam demonstrieren können.

Für Personalverantwortliche heißt das: Beschäftigen Sie sich mit Marken- und Konsumforschung. Beobachten Sie Ihr Umfeld: Welcher Umgang wird mit welchen Symbolen gepflegt – und warum? Wie funktioniert das System in Ihrem Unternehmen? Nehmen Sie Ihre eigene Haltung zu emotional aufgeladenen Dingen unter die Lupe. Und nehmen Sie innerlich Abstand zum großen Theater um die feinen Unterschiede. Spielen Sie ruhig mit – aber gewinnen Sie innere Freiheit, um Personalentscheidungen mit nüchternem Blick treffen zu können. Wenn der Kandidat Ihre Lieblingsuhr trägt, ist das zwar eine schöne Bestätigung Ihres persönlichen Geschmacks, aber keine Garantie für dessen Leistungsfähigkeit.

► **Heute ist Inszenierung ein wichtiger Teil der Leistung.**

- Ob wir diese Entwicklung begrüßen oder nicht – die Kunst der richtigen Performance im Unternehmen füllt heute einen großen Teil der erwarteten Leistung aus.
- Eine wesentliche Aufgabe eines Headhunters besteht deshalb darin, den Kandidaten für die passende Performance zu sensibilisieren.
- Zu einem überzeugenden Ergebnis kommen wir dabei nur, wenn auch die passende Leistungsbereitschaft, -befähigung und -befugnis auf Seiten des Kandidaten vorhanden sind.

Für Personalverantwortliche heißt das: Selbstverständlich brauchen Sie Kandidaten, die sich selbst in Szene setzen können. Später sollen diese ja auch Ihr Unternehmen repräsentieren können. Testen Sie, ob der Kandidat komplett in seiner Rolle als Industrieschauspieler aufgeht – oder ob hinter der Fassade noch etwas mehr steckt.

IV Unternehmen anders sehen

In jedem Personalentscheider steckt die Angst, Kandidaten falsch einzuschätzen und damit teure Fehlbesetzungen zu verursachen. Entsprechend üppig blüht der Markt mit Kompetenz- und Persönlichkeitstests. Doch das Hauptproblem liegt gar nicht an dieser Stelle. Viel häufiger erweist sich eine Personalwahl deshalb als Fehlgriff, weil interne Entscheider **vor** der Suche nach einem passenden Kandidaten entweder eine fehlerhafte oder überhaupt keine konkrete Vorstellung von der zu besetzenden Stelle entwickelt haben.

Und selbst wenn ein Anforderungsprofil entwickelt wurde, fehlt den Entscheidern häufig der Blick für schwierige interne Machtkonstellationen oder sogar eine realistische Einschätzung des Unternehmens insgesamt. Das ist kein Einzelfall und das ist auch der Grund für die wenig aussagekräftigen Ergebnisse vieler Assessment-Center. Bei diesen häufig sehr aufwändig inszenierten, mehrtägigen Tests werden „meist pro forma alle Kompetenzen der vielversprechendsten Bewerber abgefragt, ohne eine tiefere Verbindung zu den später notwendigen Anforderungen der Stelle herzustellen“ – ein Verfahren, das „einer Fahrt aufs Meer ohne Kompass“ gleicht (Heidenfelder 2015).

Deshalb verstehe ich meine Beratungsaufträge **nicht** so, dass ich alle mehr oder weniger vage formulierten Wünsche eines Unternehmens irgendwie zu erfüllen versuche. Um erfolgreich zu sein, **muss** ich anders vorgehen.

Bevor ich meine Suche starte, muss ich die Kultur des Unternehmens auf den Prüfstand stellen und so lange analysieren, bis ich ein differenziertes Bild erarbeitet habe. Dieser Prozess lässt sich vergleichen mit dem Vorgehen eines Arztes, der mit viel Sorgfalt Schritt für Schritt eine Diagnose entwickelt, diese immer wieder in Frage stellt und schließlich genügend Fakten gesammelt hat, um sie zu erhärten.

Ich muss die verdeckten Zusammenhänge im Unternehmen und die unausgesprochenen Motive meines Auftraggebers aufdecken. Ich muss erkennen, wie das Unternehmen tatsächlich im Markt aufgestellt ist und wie es innen über die Hierarchien nach oben und unten sowie nach außen kommuniziert. Ich muss wissen, was mein Kandidat wirklich können muss und ob er eher als extrovertierter Teamplayer oder als introvertierter Tüftler ticken sollte, damit er die notwendigen Leistungen bringen und im Unternehmen akzeptiert werden kann.

Beantworte ich diese Fragen nicht sorgfältig lange vor meiner Suche, laufe ich mit hoher Energie den falschen Zielen hinterher. Ich stabilisiere das falsche Selbstbild des Unternehmens, ernte so im ersten Moment zwar Anerkennung, erweise dem Kunden letztendlich aber einen Bärendienst – der sogar negativ auf mich zurückschlagen würde. Deshalb achte ich auf die persönlichen Aspekte eines Kandidaten – seine Reife und Reflexionsfähigkeit, Intelligenz und Integrität (soweit man das erkennen kann) – mindestens genauso sorgfältig wie auf seine fachliche Expertise. Letztendlich kommt dies nicht nur dem Unternehmen selbst zugute, sondern der Entwicklung der gesamten Branche, und mehr noch: der gesamten Wirtschaft (vgl. Nordlohne 2014, S. 61).

Darum also baue ich das Schloss erst einmal auseinander, bevor ich den Schlüssel dazu suche.

Das Schlüssel-Schloss-Prinzip

Wenn mir ein Geschäftsführer sagt: „Wir wollen einen Performer!", schrillen meine Alarmglocken. Denn viele Unternehmen wünschen sich zwar einen hoch dotierten, erfolgreichen Kandidaten, reagieren auf dessen Energie aber mit einem allergischen Schock. Dazu ein Beispiel aus meiner Praxis:

> Ein mittelständisches Familienunternehmen suchte einen „Performer" als Geschäftsführer für eine seiner rund 30 Tochtergesellschaften. Die bisherige Suchstrategie bestand darin, erfolgreiche Geschäftsführer aus Großkonzernen abzuwerben. Der Ablauf war immer gleich: Junge Kandidaten wurden mit hohen Gehältern geködert, starteten motiviert durch und warfen nach sechs, spätestens zwölf Monaten entnervt das Handtuch. „Seine Persönlichkeit hat nicht ins Unternehmen gepasst", hieß es dann im Unternehmen. Oder: „Er war nicht gut genug." Dann wurde wieder einer Personalberatungs-Firma der Auftrag erteilt, einen „Performer" abzuwerben. Es erschien der nächste Durchstarter, der wieder nicht blieb. Der eigentliche Grund: Persönlichkeit und Kompetenz der Kandidaten passten. In Konflikt gerieten diese aber regelmäßig mit dem ungeschriebenen Gesetz des Unternehmens, das bis heute lautet: Entscheidungen werden niemals von Geschäftsführern getroffen. Sie werden auch nicht von den Söhnen des Gründer-Ehepaars getroffen, die das

> Unternehmen leiten und selbst schon kurz vor der Rente stehen, sondern ausschließlich von deren fast 90-jähriger Mutter, die das Unternehmen als graue Eminenz führt und jeden „Performer“ vergrault.

So erstaunlich es klingt: Dem Unternehmen war dieser Zusammenhang nicht klar. So ging es immer wieder in die gleiche Falle und verbrannte Jahr für Jahr sehr viel Geld. Dabei hätte sich auch dieser schwierige Fall lösen lassen: Mit einem Kandidaten zum Beispiel, der seine Karriere schon gemacht hat. Der vielleicht sogar schon auf die 60 zugeht, aber noch fünf oder zehn Jahre lang seine Branchenerfahrung weiter geben möchte. Der gerne die Rolle eines Interim-Managers und Mentors spielt.

Eine junge Führungskraft, die im Unternehmen etwas bewegen möchte, und zwar eigenständig und schnell, will eine solche Rolle nicht spielen und geht. Eigentlich ein klarer Fall! Doch mit den herkömmlichen Methoden der Personalauswahl bleiben solche Zusammenhänge unterbelichtet.

Deshalb arbeite ich anders als die Mehrzahl der internen und auch der externen Personalverantwortlichen: Wenn ich Kandidaten suche, spreche ich höchstens zehn Minuten über das gewünschte Kompetenzprofil. Was mich viel mehr interessiert, sind folgende Fragen:

- Wie sieht die Unternehmenskultur im Allgemeinen aus, wie tickt der Bereich, in dem die Führungskraft gesucht wird?
- Wie sieht das offizielle Organigramm aus – und wie das inoffizielle?
- Wie sieht aus der Perspektive des Unternehmens eine ideale Führungskraft aus?
- Welche Art Familienleben führt der Kandidat – wenn überhaupt?
- In welcher Art von Partnerschaft/Ehe lebt er idealerweise?
- Welche Führungskräfte leisten im Unternehmen gute Arbeit?
- Wie beschreiben Mitarbeiter den Führungsstil, der im Unternehmen praktiziert wird?

Diese Fragen arbeite ich natürlich nicht strukturiert ab, sondern sondiere die Lage eher intuitiv, bis mein eigenes Bild des Unternehmens steht. Die wirklich wichtigen Informationen – zum Beispiel die zur sonderbaren Führungsrolle der greisen **Grande Dame** im Beispiel oben – bekomme ich ohnehin niemals direkt, sondern zwischen den Zeilen. Vor allem über die Stories, die häufig im Small Talk zum Besten gegeben werden. Sie lassen sich sehr präzise analysieren: Wie werden die „Helden" geschildert? Und wie die „Bösewichte" – zum Beispiel relevante Player bei Mitbewerbern oder geschasste Führungskräfte? Durch welche Charakterzüge zeichnen sie sich aus? Welche Grenzen haben sie heldenhaft oder verbotenerweise überwunden? Derartige Geschichten geben Auskunft über die Werte und die damit eng verbundene Unternehmenskultur.

- **Die Kultur einer Organisation** kann ich vor Ort beobachten. Wie gehen Assistenten mit ihren Vorgesetzen um? Und die Vorgesetzten mit ihren Assistenten? Welcher hierarchische Abstand wird zwischen oben und unten gepflegt? Auf welchem Sprachniveau bewegt sich die Kommunikation? Welche Vorkommnisse werden dramatisch inszeniert – und welche gelten als Lappalien? Welche Rituale gibt es?
- **Die Ästhetik eines Unternehmens** aber zeigt mir besonders präzise, wie ich es einzuschätzen habe. Wie ist der Internet-Auftritt gestaltet? Wie ist der Ort inszeniert, an dem sich das Unternehmen befindet? Welche Atmosphäre vermitteln Architektur und Innenarchitektur? Welchen Eindruck vermittelt die Selbstinszenierung der Mitarbeiter und Manager?

Ich habe die Erfahrung gemacht, dass mir eine fünf-minütige Wartezeit in der Lobby mitunter mehr über ein Unternehmen verraten kann als ein ausführliches Briefinggespräch.

Die Begriffe Kultur und Ästhetik müssen wir an dieser Stelle deutlich unterscheiden. Weil ich mich insbesondere mit dem starken Gewicht auf der Analyse der Ästhetik eines Unternehmens auf einem Sonderweg in Sachen Personalauswahl bewege, gehe ich hier auf beide Punkte näher ein.

Kultur: Verhalten, Werte, Überzeugungen

Die offen sicht- und greifbaren Fähigkeiten eines Unternehmens lassen sich leicht kopieren: Technologien, Prozesse, Produkte. Kurzfristige strategische Wettbewerbsvorteile werden auch heute noch durch das Kopieren von derartigem Know-how erzielt. Langfristig erweisen sich aber die Unternehmen als besonders erfolgreich, deren **Unternehmenskultur** gemeinsam gelebte Visionen und Ziele trägt, eine offene Lernkultur unterstützt, eine transparente, effiziente und offene

Kommunikation zur Regel macht, Anerkennung ermöglicht und einen zeitgemäßen und flexiblen Führungsstil fördert (vgl. Kerth et al. 2011, S. 45).

Wenn ich den richtigen Kandidaten für ein Unternehmen suche, analysiere ich die Kultur eines Unternehmens selbstverständlich anders als ein Organisationsentwickler. Mein Ziel besteht ja nicht darin, die Kultur eines Unternehmens zu **verändern**. Für mich geht es darum, die Kultur eines Unternehmens bis ins Detail zu **verstehen**. Da Organisationsentwickler im ersten Arbeitsschritt ebenfalls ein möglichst genaues Verständnis der Unternehmenskultur anstreben, haben sich aber deren Methoden für mich als hilfreich und zielführend erwiesen. Aus der Fülle der vorliegenden Tools habe ich für meine Praxis ein Modell ausgewählt, das ich im Folgenden kurz vorstelle:

- die Ebenen der Unternehmenskultur nach E. H. Schein und
- die Dimensionen der Unternehmenskultur nach D. R. Denison

Schon in den 1980er Jahren hatte der US-amerikanische Organisationspsychologe **Edgar H. Schein** ein Modell der Kulturebenen entwickelt. Er unterscheidet drei unterschiedliche Levels, auf denen sich Kultur zeigen kann:

Erste Ebene: Hier geht es um sichtbare Verhaltensweisen. Wie sieht das Unternehmen aus, wie der Fuhrpark und wie die Mitarbeiter („Artefakte")? Wie gehen die Menschen in der Organisation miteinander um? Wie lösen sie Konflikte? Welche Rituale werden gepflegt und welche Mythen hoch gehalten („Handlungen")? Außerdem: Wie sehen Werbung und PR des Unternehmens aus? Wie verlaufen Verkaufsgespräche („Kommunikation")?

Zweite Ebene: Unter der ersten, oberflächlichen Ebene geht es um die Werte und Normen, die in einem Unternehmen wichtig sind. Dazu ein Beispiel: Stattet ein Maschinenbauunternehmen schon die Bürozelle des Pförtners mit einer Design-Award-prämierten Schreibtischleuchte aus, so zeigt das schon auf den ersten Blick, dass es hier um die Ästhetik und Performance von Leistung geht. Monetärer Erfolg und Status sind positiv besetzt. Man möchte zeigen, was man hat und wer man durch diesen Besitz zu sein glaubt. Anders ein mittelständischer Betrieb irgendwo im Hinterland, der seine Büroausstattung aus dem Niedrigpreis-Versandkatalog bezieht, weil für ihn die Perfektion seiner Schraubenproduktion alles ist, das Design seiner Schreibtischbeleuchtung jedoch unbedeutend. Im Vordergrund steht hier Leistung durch Fleiß. Monetärer Erfolg zählt auch hier, er bleibt aber verbunden mit Bodenständigkeit und Bescheidenheit. Es ist offensichtlich, dass in beiden Unternehmen völlig unterschiedliche Spielregeln gelten und völlig unterschiedliche Wertewelten gelebt werden, die sowohl das Verhalten der Führungskräfte als auch das der Mitarbeiter bestimmen.

Dritte Ebene: Noch unter der Ebene der gemeinsamen Werte vermutet Schein ein weiteres Level. Es ist das der grundlegenden, geteilten Denk- und Verhaltensmuster (im Original: **basic assumptions**), die das Denken tief prägen, aber unsichtbar und unbewusst bleiben. Dies ist der kulturelle Kern eines Unternehmens, der sowohl die Philosophie als auch den Umweltbezug eines Unternehmens bestimmt. Diesen Kern versucht Schein zu erkennen, indem er die sichtbare erste Ebene und die fühlbare zweite Ebene analysiert – ein der Kulturanthropologie entlehntes Verfahren, mit dem sich gute Erfolge erzielen lassen.

Denison unterzieht die vier Dimensionen der Unternehmenskultur einer Analyse, die seiner Einschätzung nach besonders ergebniswirksam sind:

1. **Anpassungsfähigkeit**
   - Veränderungsbereitschaft
   - Kundenfokus
   - Organisationales Lernen
2. **Mission**
   - Strategische Richtung
   - Ziele
   - Vision
3. **Konsistenz**
   - Kernwerte
   - Übereinstimmung
   - Koordination und Integration
4. **Engagement/Beteiligung**
   - Einbindung
   - Teamorientierung
   - Entwicklung der Fähigkeiten

Diese Faktoren lassen sich zusätzlich aus einem **externen** Fokus (Anpassungsfähigkeit und Mission) oder aus einem **internen** Fokus (Konsistenz und Engagement/Beteiligung) betrachten. Außerdem unter dem Aspekt der **Flexibilität** (Anpassungsfähigkeit und Engagement/Beteiligung) oder unter dem Aspekt der **Stabilität** (Mission und Konsistenz).

Konkret heißt das: Ein erfolgreiches und stark auf Innovation ausgerichtetes Unternehmen wird sich hervortun in den Dimensionen Veränderungsbereitschaft, Lernen und einem wachen Blick in Richtung Kunden. Seine Mitarbeiter werden schnell und kreativ sein, viele Entscheidungen selbst treffen können und produktiv zusammen arbeiten. Von extern betrachtet wird es ein wachsendes Unternehmen mit großen Potenzialen sein, das ein positives und klares Unternehmensbild kommuniziert.

Für meine Kandidaten interessant ist auch der interne Fokus: Wie läuft die Teamarbeit? Wie hoch ist der Grad der Eigenverantwortung auf allen Ebenen? Arbeiten Führungskräfte und Mitarbeiter Hand in Hand? Wie werden Konflikte gelöst? Und nicht zuletzt: Auf welchem Level liegt die Mitarbeiterzufriedenheit? Wer seinen Job wechselt, will außerdem etwas über die Stabilität des Unternehmens wissen: Ein attraktiver Arbeitgeber wird sich auszeichnen durch eine klare strategische Ausrichtung und durch eine Praxis, in der die Ziele, die Mission und die Vision des Unternehmens (der intern wie extern gepflegte **Talk**) mit dem übereinstimmen, was es tatsächlich jeden Tag tut (also **Decision** und **Action**; vgl. Blümelhuber 2014).

Für meine Praxis hat sich eine Kombination der Ansätze von Schein und Denison als günstig erwiesen. Meine Vorgehensweise lässt sich in folgenden Schritten darstellen – wobei ich in der Praxis von dieser Reihenfolge abweiche, wenn sich das Vorgehen anders als praktikabler erweist.

Erster Schritt: Artefakte beobachten

Zuerst schaue ich mir die Elemente der Unternehmenskultur an, die Schein beschrieben hat. So lassen sich die Artefakte (Architektur, Design, Kleidung und Statussymbole der Führungskräfte und Mitarbeiter) sowie die Kommunikation des Unternehmens (Corporate Identity, Internet-Auftritt, PR-Strategien, Anzeigen, Publikationen, Presseveröffentlichungen) analysieren und die sichtbaren Verhaltensweisen der relevanten Personen beobachten.

Zweiter Schritt: Kultur analysieren

Dann richte ich meine Aufmerksamkeit auf die ergebniswirksamen Dimensionen nach Denison, das heißt die gelebte Kultur im Unternehmen: Wie flexibel wirkt das Unternehmen? Gibt es eine Vision und eine Strategie – und wenn ja: Wie wird diese mit Leben gefüllt? Wie steht es um den Teamspirit im Unternehmen?

Dazu bietet sich eine Auswertung von Leitbild, Zielsystem, Führungsleitlinien von Geschäftsbedingungen und Verträgen an. Auch das Organigramm eines Unternehmens kann viel über die von ihm gelebten Werte aussagen.

Es geht mir nicht darum, das üblicherweise von PR-Agenturen entwickelte Selbstbild eines Unternehmens auf seine zentralen Aussagen hin zu prüfen. Sondern das Gegenteil zu tun: zu schauen, wie sich das offizielle Selbstbild von dem unterscheidet, was im Unternehmen tatsächlich gelebt wird.

Dritter Schritt: Führungskräfte befragen
Um den zentralen Werten auf die Spur zu kommen, vertraue ich nicht nur meiner eigenen Beobachtung, sondern konfrontiere Geschäftsführer und Personalverantwortliche mit meinen ganz konkreten Eindrücken, um diese zu bestätigen oder zu korrigieren:

- Ihr Unternehmen wirkt so, als würde es von einer einzigen starken Hand geführt. Stimmt das?
- Wenn ein Kandidat schon unsportlich aussieht, dann ist es auch mit seiner Leistungsfähigkeit nicht weit her, oder?
- Am produktivsten ist man doch um 7 Uhr morgens, nicht wahr?
- Ich sehe, Sie legen hier großen Wert auf Pragmatismus. Von Design und Schnickschnack halten Sie gar nichts, oder?
- Sie können sich wahrscheinlich keine Mitarbeiter vorstellen, die aus der Kirche ausgetreten sind?
- Was war denn das prägendste Erlebnis, das Sie persönlich hier im Unternehmen hatten?
- Wer ist nach Ihrer Meinung in diesem Unternehmen der mächtigste Mann?
- Eine Führungskraft im Karo-Hemd, das geht hier doch gar nicht. Finden Sie das auch stillos?
- Je unterschiedlicher die Mitarbeiter, desto bunter und besser der Laden, oder?
- Es gibt doch nur Chaos, wenn jeder mit den Kunden spricht, sehen Sie das auch so? Besser, der Chef macht das selbst.

- Je mehr Entscheidungsfreiheit bei den Mitarbeitern liegt, desto schneller laufen die Prozesse. Ist das bei Ihnen auch so?
- Zu viel Entscheidungsfreiheit führt doch direkt ins Chaos?
- Zu wissen, was der Kunde übermorgen will, das ist doch das Wichtigste überhaupt, oder?
- Die größte Herausforderung für Ihr Unternehmen ist in den nächsten Jahren wahrscheinlich XY?

Vierter Schritt: Externes Benchmarking
Aufgrund meiner breiten Branchenerfahrung kann ich heute bestimmte Eigen- und Besonderheiten einer spezifischen Unternehmenskultur gut identifizieren. So haben sich innerhalb der Automobilindustrie bestimmte Kulturen ausgebildet, die sich als unterschiedliche Cluster wahrnehmen lassen. Um nur zwei Eckpunkte zu nennen: auf der einen Seite der extrem leistungs- und designorientierte Zulieferer von High-End-Technik mit hoch professioneller Konzernstruktur und auf der anderen Seite der eher nerdistisch veranlagte, karohemdsärmelige Entwickler im Hinterland, der sein mittelständisches Unternehmen leidenschaftlich in der X. Generation führt.

Fünfter Schritt: Internes Benchmarking
Zu interessanten Einblicken komme ich auch, wenn ich verschiedene Geschäftsbereiche eines einzelnen Unternehmens miteinander vergleiche. Es ist in jedem größeren Unternehmen so, dass sich eine „offizielle Kultur" nicht in jedem Bereich auf die gleiche Art und Weise widerspiegelt. So gefällt sich eine IT-Abteilung gerne in einem gewissen Nerdismus, die Mitglieder der Marketingabteilung geben sich möglichst kreativ, während Controller betont seriös und wichtig auftreten – genau wie die Vertreter der Personalabteilung, die in vielen Unternehmen gegen das Image einfacher Urlaubstage-Zähler kämpfen. Technische Entwickler geben sich gerne ein wenig genial, Vorstandsassistenten dagegen smart, in Eile. Sogar in kleinen Betrieben kommt es vor, dass sich einzelne Abteilungen vehement voneinander abgrenzen und ganz betont unterschiedliche Verhaltensweisen an den Tag legen. Das kann mit dem Habitus ihres Berufs zusammenhängen (Beispiel Labor versus Verwaltung), mit internen Überlegenheitskämpfen

(Beispiel Technische Entwicklung versus Vertrieb), aber auch mit jahrzehntelang gewachsenen Traditionen, sich gegenseitig mit Schuldzuweisungen zu überziehen (Beispiel Einkauf versus Controlling).

Wie in einem Unternehmen mit diesen internen Unterschieden umgegangen wird, sagt sehr viel über die Unternehmenskultur insgesamt aus. Und zeigt mir deutlich, welcher Kandidat dazu passen könnte und wer eher nicht.

Sechster Schritt: Analyse der Führungskultur

So gut wie jede Führungskraft hat im Laufe ihrer Karriere an diversen Seminaren teilgenommen, um sich mit Führungskultur und Führungsmodellen zu beschäftigen. In den meisten Fällen meinen Führungskräfte dann auch, nach Modell zu führen: Partizipativ, situativ, jedenfalls auf Augenhöhe und mit jederzeit offener Tür. Faktisch aber verändern in Seminaren auswendig gelernte Theoriemodelle das praktische Verhalten von Führungskräften in vielen Fällen wenig. In den meisten Fällen gar nicht. Denn Führungskultur hat viel mehr mit der persönlichen Reife einer Führungskraft zu tun und mit ihren innersten Überzeugungen als mit den Führungsmodellen, die ein Unternehmen offiziell als wünschenswert postuliert.

Deshalb schaue ich genau hin: Welche Führungskraft führt welchen Bereich oder welche Abteilung mit welchem persönlichen Stil? Interessant sind für mich hier vor allem die spürbaren Brüche und Widersprüche zwischen Selbstbild und faktisch gelebter Kultur: So sieht sich ein Top-Manager vielleicht selbst als offene, kollegiale Führungskraft, die jederzeit „auf Augenhöhe" zu diskutieren bereit ist, in der Realität duldet er aber keinen Widerspruch. Oder ein Manager sieht sich selbst als großen Strategen, mischt sich im Tagesgeschäft dennoch in die Diskussion um jede Schraube ein.

Ich bewerte den unterschiedlichen Stil der Führungskräfte nicht. Für mich geht es lediglich darum, Kandidaten zu finden, die mit dem beobachteten Führungsstil umgehen können.

Siebter Schritt: Stärken und Schwächen erarbeiten

Jetzt stelle ich alle erhobenen Werte und Eindrücke zusammen, um ein komplettes Bild der Stärken und Schwächen des Unternehmens zu entwerfen. Denison schlägt vor, alle Ergebnisse in ein einheitliches „Kulturradar"-Modell zu übertragen. Dies mag vor allem bei Organisationsentwicklungen hilfreich sein. Ich arbeite dabei mit Mindmaps, die nur diejenigen Werte enthalten, die für meine spätere Kandidatensuche relevant sind.

Mein Ziel ist die möglichst detaillierte Darstellung der Kultur, die im jeweiligen Mikrokosmos tatsächlich gelebt wird – auf allen Ebenen: von den für richtig und wichtig gehaltenen Werten über die herrschenden Rituale und Umgangsformen bis hin zur herrschenden Kleiderordnung und Schreibtischdekoration. Denn ganz gleich, ob es sich um eine bestimmte Kommunikationsweise oder das winzige Emblem des Arbeitgebers auf dem Hemdkragen handelt: Jedes Detail unterstreicht kulturelle, soziale und ökonomische Differenzen. Es sind feinste Unterscheidungen, die einen großen Unterschied machen und die letztendlich die Passung eines Kandidaten zur Kultur eines Unternehmens bestimmen.

Neben der Kultur ist auch die Ästhetik eines Unternehmens ein wichtiger Faktor.

Ästhetik: Der Look entscheidet

Seit den 1980er Jahren hat sich die Ästhetisierung des kompletten Alltags verschärft. Kulturpessimisten konstatieren sogar, dass sich unter der ästhetischen Oberfläche gar keine Werte mehr befinden (was aber keine neue Beobachtung ist, das gab es in allen Jahrhunderten). Es geht auf allen Ebenen nur noch um den Look. Der Look **ist** der Wert. Sogar Wertvorstellungen wie „nachhaltig" sind zu einem modernen Label verkommen. In etlichen Unternehmen sind die Bemühungen um mehr Nachhaltigkeit bei den Produkten, in der Produktion und im Vertrieb nur noch PR-Instrument. Es geht um den **Anschein**, nicht mehr um eine tatsächliche Verbesserung der Prozesse.

Neu ist, dass sich der Zwang zur ästhetischen Selbstinszenierung nun auch auf jeden einzelnen Kandidaten bezieht. Das betrifft heute nicht mehr nur die perfekte Ausgestaltung mit Kleidung und Accessoires, sondern auch den perfekten Auftritt („Präsentation") vor realem Publikum wie auch vor virtuellem Publikum. Der Kölner Social-Media-Experte Ibrahim Evsan hält den Aufbau eines eigenen **Social Trademark** im Internet heute sogar für „die größte Macht im Bewerbungsprozess". Evsan zufolge geht es darum, „für den Ansprechpartner – also den potenziellen Chef – sichtbar zu werden und für die ausgeschriebene Position nicht nur auffindbar zu sein, sondern auch auf den oberen Listenplatz zu rücken."

(Jacoby/Vollmers 2014, S. 98). Twitter, Facebook, Google, Xing, LinkedIn – alles sollte seiner Meinung nach „befeuert“ werden mit dem Ziel, eine schlagkräftige Positionierung zu erreichen.

Meiner Einschätzung nach trifft das auf die Liga der Führungskräfte nicht zu, mit denen ich typischerweise zusammenarbeite. Ganz einfach deshalb, weil diese sich derzeit nicht in die Niederung von Social Media begeben. Das aber kann ja noch kommen. Auch die Generation Y rückt irgendwann in Führungspositionen auf.

Ein neuer Ansatz der Kandidatenwahl

Noch einmal: Ich verlasse mich nicht auf die Selbstbeschreibungen der Unternehmen. Nie. Ich beginne erst mit meiner Arbeit, wenn ich die Kultur des Unternehmens analysiert und alle handelnden Personen kennengelernt habe. Wie treten sie auf? Wer hat welchen Händedruck? Wer spielt welche Statusspiele? Wer vertritt welche Werte? Außerdem analysiere ich die Wirkung des Unternehmens nach außen: Wie sieht die Homepage aus? Wie fühlt es sich an, dort anzurufen? Welche Atmosphäre vermittelt die Architektur? Was (re)präsentiert das Interior Design?

Erlebe ich eine hohe Übereinstimmung zwischen der offiziellen Kultur und dem tatsächlichen Verhalten der Mitarbeiter in einem Unternehmen, so wirkt das Betriebsklima gut. Sehe ich Differenzen zwischen der Unternehmenskultur und dem Mitarbeiterverhalten, so ist es um das Betriebsklima erfahrungsgemäß schlecht bestellt (vgl. Kerth et al. 2011, S. 42). Das kann kurzfristig ein Problem darstellen. Arbeitet das Unternehmen aber langfristig an der Verbesserung der Unternehmenskultur, lösen sich derartige Probleme oft auf – und zwar nicht zuletzt durch den Einfluss der neuen Führungskräfte, die von externen Headhuntern ins Spiel gebracht werden.

Mein wichtigster Job: Ich nehme wahr. Hundertprozentig. Das Feld, auf das ich mich damit wage, ist im Bereich der Personalauswahl noch relativ unbeackert. Es wird aber bereits erforscht – und zwar unter dem Oberbegriff „Wirtschaftsästhetik“. Einen sehr guten Überblick bietet hier Brigitte Biehl-Missal, Professorin für Public Relations, Journalismus und BWL an der BSP Business School Berlin (Biehl-Missal 2011, S. 18).

„Ästhetische Erfahrung produziert ein leiblich und emotional erfahrenes Verständnis, dem kein überlegter, rationaler Erkenntnisprozess zugrunde liegt, sondern ein intuitives Erfassen von Bedeutung ohne bewusstes Nachdenken, eine Art ‚Bauchgefühl'."

Es ist mir durchaus bewusst, dass dieser höchst subjektive und zugleich höchst aufwändige Zugang zum Thema Executive Search in der Beraterbranche nicht etabliert ist. Unter Personalverantwortlichen schon gar nicht. Hier werden eher Persönlichkeiten mathematisch vermessen mit dem Ziel, die verwirrende Komplexität der Personen auf griffige Kennzahlen zu reduzieren. Auch über diesen Weg lassen sich gute Ergebnisse erzielen, doch fallen diese sehr einseitig aus: Im Mittelpunkt stehen harte Fakten wie Berufserfahrungen oder Persönlichkeitsmerkmale. Dennoch halte ich dieses Vorgehen für hoch problematisch, weil es Bewerbern Tür und Tor für Beschönigungen und Manipulationen öffnet. Und selbst wenn einigermaßen valide Ergebnisse erzielt werden: Letztendlich stellen Unternehmen doch keine naturwissenschaftlichen Experimente ein, sondern immer noch komplexe Menschen in all ihrer Widersprüchlichkeit und Nicht-Vermessbarkeit.

Ich reduziere Kandidaten nicht auf Kennzahlen und auch nicht auf bestimmte Typen, denen sich fein säuberlich bestimmte Buchstabenkombinationen, eindeutige Farben oder stereotype Schubladentickets zuordnen lassen. Selbstverständlich arbeite auch ich mit diagnostischen Instrumenten, wenn ich das für sinnvoll halte. Ich schiebe aber die Testergebnisse nicht vor meine Wahrnehmung der Kandidaten. Vielmehr versuche ich, die Komplexität der Kandidaten wie auch die der Unternehmen als Ganzes zu erfassen. Über den Zugang der Ästhetik (Böhme 2013, S. 51):

„Aisthesis meint die sinnlich-affektive Teilnahme an den Dingen."

Ist der Zugang über die Ästhetik überhaupt professionell? Ist das alles nicht zu oberflächlich? Ich meine: Nein, überhaupt nicht. Die zwanghaften Versuche, allein über den Weg der sprachlichen Kommunikation die Werteebene sowohl der Unternehmen als auch der Kandidaten zu vermessen, führt regelmäßig zu falschen Ergebnissen. Denn was im Leitbild eines Unternehmens steht, ist das Ergebnis einer mehr oder weniger gelungenen Formulierung – die mit dem realen Leben im Unternehmen nicht viel zu tun haben muss. Genauso entspricht die „reale Erscheinung" eines Kandidaten nicht unbedingt dem, was in seiner Bewerbung steht und auch nicht dem, was vielleicht seine Persönlichkeit ausmacht.

Sowohl bei seinen Bewerbungsunterlagen wie auch bei den gedruckten oder in Stein gemeißelten Firmenleitsätzen handelt es sich lediglich um Text. Um Schrift. Vielleicht sogar um Zeugnisse. In unserer kulturellen Tradition halten wir Schriften für wertvoll und wahr (manchmal auch für heilig). Mit dieser Fixierung blenden wir aber viele andere wertvolle Hinweise aus. Hinweise, die nicht so leicht „dingfest" zu machen sind wie Text oder Ziffern – aber deshalb noch lange nicht weniger relevant sind. Oder weniger professionell auswertbar.

Wer versucht, einen Kandidaten oder ein Unternehmen ausschließlich rational zu „lesen", empfindet einen Kandidaten schnell als „Objekt", mit dem er **konfrontiert** ist. Über die Techniken oder sogar Rituale des „Lesens" mag es ihm gelingen, sein eigenes Unbehagen einzudämmen. Er mag der Illusion erliegen, er könne eine unlösbare Aufgabe und eine beinahe unheimliche Situation („Ich muss diesen Menschen innerhalb von 60 Minuten durchschauen!") souveräner bewältigen. Christian Allesch, Professor für Psychologische Ästhetik an der Universität Salzburg, spitzt diese Gedanken so zu (Allesch 2008, S. 10f.).

> *„Aus der Objektbeziehung der Konfrontation entsteht in der kulturellen Entwicklung die magische Handlung als Versuch der Bewältigung einer unheimlichen Wirklichkeit durch ritualisierte Handlungsvollzüge; das Ästhetische entwickelt sich dagegen aus der Empathie, aus der einfühlenden Aneignung der Welt."*

Das heißt ganz einfach: Es ist viel gewinnbringender, mit Rationalität **plus** Bauchgefühl („Empathie") zu arbeiten. So kommt es auch nicht zu einem irrationalen Glauben an die quasi-magischen Fähigkeiten bestimmter Recruiting-Methoden („ritualisierte Handlungsvollzüge").

Resonanz: Schwingungen aufnehmen und verarbeiten

Ich arbeite bewusst mit dem, was Experten für psychologische Ästhetik als Resonanz bezeichnen. Zu verstehen ist darunter die „ästhetische Erfahrung als spezifische Form des Widerhalls, also der Resonanz der Wirklichkeit im erlebenden Subjekt" (Allesch 2008, S. 2). Wichtig dabei ist „das erlebende Subjekt" – also ich selbst. Denn das, was ich wahrnehme, hat mindestens genauso viel mit dem zu tun, was mir gegenuber steht, wie mit meinem eigenen Innenleben.

Mit Resonanz meine ich, und das ist an dieser Stelle wichtig, nicht ein rein physikalisches Mitschwingen, wie etwa die Seiten eines Klaviers mitschwingen, wenn draußen die Feuerwehr vorbei fährt. Ein solches Mitschwingen allein hätte noch keine Bedeutung. Ich verstehe Resonanz auch nicht als ein inneres Spiegeln der äußeren Wirklichkeit – auch das wäre ein rein physikalisch verstandenes Phänomen (in diesem Falle nicht akustisch, sondern optisch). Es geht mir vielmehr um „eine Form von Resonanz, die das Wahrgenommene durch die Projektionsfläche der eigenen Erwartungen und Fantasmen gestaltet und sich aneignet" (Allesch 2008, S. 13).

Meiner Erfahrung nach ist es erfolgsentscheidend, die eigenen „Erwartungen und Fantasmen" genau zu kennen, genauso die „Erwartungen und Fantasmen" des Personalverantwortlichen im Unternehmen, um das Auftreten von Resonanz kritisch zu analysieren und im Idealfall sogar hervorrufen zu können.

Mimesis: Verhalten schafft Kommunikation

Man könnte mein Vorgehen „mimetisch" nennen – ausgehend vom Begriff der „Mimesis", der eigentlich „Nachahmung" meint. Tatsächlich ahme ich im ersten Schritt die sozialen Normen nach, die ich in einem Umfeld wahrnehme. Ich passe mich selbst ein, um die Kommunikation zu erleichtern.

Im zweiten Schritt jedoch werde ich in den von mir genau ausgeloteten Rahmenbedingungen aktiv: Ich führe verschiedene soziale Welten so zusammen, dass Auftraggeber und Kandidat gleichsam in einem neuen, gemeinsamen sozialen Setting gerade nicht „aufeinander treffen", sondern gleich eine Verbindung eingehen können. Mein „mimetisches Handeln" schafft die Plattform für diese Begegnung.

Mein Auftreten bei einem mittelständischen Maschinenbauer, bei dem es um die Besetzung einer Geschäftsführer-Position geht, ist also völlig anders als mein Auftreten bei einem jungen Unternehmen, das sein Geld mit Online-Plattformen verdient. Im ersteren Fall wähle ich einen dunklen Anzug, eine dezente Krawatte, eine klassische Schweizer Markenuhr, eine dezente Tasche und rahmengenähte Schuhe. Ich spreche ernst und eloquent. Im zweiten Fall kann es durchaus der modische Anzug sein, der italienische Schuh, die Designertasche, die ausgefallene Uhr und keine Krawatte. Hier spreche ich ebenfalls eloquent, gebe mich aber lockerer. Ich bin sicher, dass die meisten Führungskräfte intuitiv genauso handeln – ich indes gehe hier sehr bewusst und sehr systematisch vor.

Da Aisthesis, wie oben bereits zitiert, eine „sinnlich-affektive Teilnahme an den Dingen" meint, bleibt mir nichts anderes übrig, als auf meinen eigenen Bauch zu hören. Was ein durchaus rationales Vorgehen ist. Das Bauchgefühl wird von Fachleuten als „somatischer Marker" bezeichnet und bedeutet folgendes: Viele Erfahrungen speichern wir nicht nur im Gedächtnis ab, sondern unmittelbar in bestimmten Körperregionen. Emotionen, und das gilt eben auch für erinnerte Emotionen, sind immer mit körperlichen Empfindungen verbunden: Mit unserem Puls, der Muskelspannung, auch mit Schweiß, Übelkeit und Tränen. So kann uns ein riskanter Schritt in die Zukunft ein Ziehen im Knie bescheren, eine unangenehme Begegnung löst Bauchschmerzen aus, eine schöne Begegnung dagegen Schmetterlingsgefühle in der Magengrube.

Wenn wir auf derartige Marker achten – unbewusst tun wir das ohnehin – können wir ein wichtiges und sehr schnell arbeitendes Erfahrungsgedächtnis nutzen und neue Situationen schneller einschätzen. Unsere körperlichen Reaktionen stellen somit eine direkte Brücke zu unserer Intuition dar (vgl. Damasio 2004).

Ratio: Ohne gesunden Menschenverstand geht nichts

Mimesis, Empathie und Bauchgefühle können sehr hilfreich sein. Wenn wir blind darauf vertrauen, können sie uns aber auch in die Irre führen.

Denn gerade aufgrund unserer im Körper abgespeicherten Erfahrungen haben wir häufig physische Haltungen ausgebildet, die die Wahrnehmung bestimmter Emotionen verhindert. Umgekehrt sind wir vielleicht besonders offen für bestimmte andere Emotionen – nehmen diese also „übermäßig" wahr (vgl. Windhausen 2014, S. 44). Vielleicht assoziieren wir mit bestimmten Physiognomien auch besonders negative oder positive Erfahrungen?

Kurz: Somatische Marker sind keine geeichten Messgeräte. Manchmal schlagen sie zu wenig oder zu stark aus, manchmal zeigen sie etwas völlig Abwegiges an. Ob das der Fall ist, können wir nur mit unserem gesunden Menschenverstand herausfinden. Und wenn wir das tun, müssen wir uns bewusst gegen unser Bauchgefühl entscheiden.

Zum gesunden Menschenverstand rechne ich nicht zuletzt eine präzise, durch Beobachtung und Fachliteratur erworbene Urteilsfähigkeit in Bezug auf ästhetische Phänomene. Hier meine ich vor allem die Kenntnis bestimmter Umgangsformen und Dresscodes, nicht zuletzt heißt das auch die Fähigkeit, bestimmte Marken zu erkennen und deren Bedeutung kritisch einordnen zu können. Es ist durchaus von entscheidender Bedeutung, ob ein Unternehmen seine Ausstattung bei IKEA oder bei Vitra einkaufen lässt. Ob Manager Stangenware oder Designermarken tragen. Und ob auf dem Parkplatz Mittelklasse-Limousinen stehen oder gepflegte Oldtimer. Das alles sagt mehr aus, als eine PR-Abteilung jemals verlauten lassen kann.

Das heißt: Empathie und Bauchgefühl sind wichtige Werkzeuge bei der Personalauswahl. Ohne das Korrektiv durch unseren Verstand bleiben sie aber blind. Wir brauchen immer beides: Mimesis und Ratio. Dazu ein Beispiel:

> Eines Tages bekam ich per Mail eine Anfrage von einem Onlinehändler. Zunächst reagierte ich nicht, da ich mir sicher war, dass ich nicht zu den Usern dieser Plattformen gehörte und auch nicht gehören wollte. Einige Tage später erhielt ich wieder eine Mail. Ich reagierte wieder nicht. Kurze Zeit später klingelte das Telefon und ich hatte einen Herrn am Apparat, der sich mit diversen Firmennamen vorstellte. Ich reagierte sehr ungehalten, weil ich dachte: „Das ist doch der Gipfel der Dreistigkeit: Erst wird man mit Mails belästigt und dann ruft auch noch ein Callcenter an und betreibt ‚Power Selling'." Was mich allerdings stutzig machte, war das sehr dezidierte Nachfragen nach meiner Tätigkeit als Headhunter und meiner Branchenexpertise im Feld Automotive. Zunächst vermutete ich dahinter eine entweder besonders smarte oder besonders unverschämte Strategie, Beziehungsqualität nur deshalb herzustellen, um Mitglieder zu werben. Dann hörte ich doch genauer hin.
>
> Es stellte sich heraus, dass ich nicht mit dem Callcenter, sondern mit dem ranghöchsten HR-Vertreter dieser Plattform sprach. Er legte los: „Herr Dr. Eckelt, Sie sind uns als einer der besten Branchenkenner und am besten vernetzten Experten der Automobilindustrie genannt worden. Wir haben einen Auftrag für Sie."
>
> Das Unternehmen suchte einen Vertriebsprofi aus der Automotive Community, der die Automobilindustrie als neue Branche für die Onlineplattform erschließt. Das Anforderungsprofil erhielt ich unmittelbar nach unserem Telefonat. Nach Studium des Anforderungsprofils meldete ich mich beim HR-Director, um die Eckdaten meiner Mandatierung zu verhandeln. Fer-

ner wollte ich in einem ersten Briefing-Gespräch auch möglichst viel über das Unternehmen, seine Strategie, seine Kultur, seine Schnittstellen und Atmosphäre erfahren, um ein Gefühl dafür zu entwickeln, welcher Typ passen könnte. „Das Anforderungsprofil verstehe ich", sagte ich also, „Sie suchen einen Supervertriebler mit exzellenten Kontakten in die Automobilindustrie, der zudem auch die Onlinewelt versteht. Ich habe zwar eine vage Vorstellung von Ihrer Arbeitswelt und Unternehmenskultur, aber genau weiß ich es nicht. Und ich muss Ihr Unternehmen und Ihre Kultur verstehen, damit ich Ihnen den ‚richtigen' Kandidaten bringen kann. Also den, der nicht nur der super Automotive-Vertriebsmann ist, sondern der, der auch im Innenverhältnis passt, also in Ihre Unternehmenskultur." Daraufhin erwiderte der Personaler: „Das machen wir generell nicht. Sie sourcen ein paar Profile, Sie kennen sich ja aus, schicken uns die und wir sagen Ihnen dann, wer passt!"

Normalerweise lasse ich mich auf der Basis derartig dürftiger Briefings nicht auf eine Mandatierung ein, zumal wenn es ein Mandant ist, der wie in diesem Fall zwar einen Kandidaten aus der Automotive-Welt sucht, in der ich mich gut auskenne, selbst aber mit seinem Geschäftsmodell aus einer anderen Arbeits- und Geschäftswelt kommt, in der ich mich nicht gut auskenne: der Onlinewelt. Aber gerade weil es etwas „Neues" war, reizte mich dieser Auftrag und ich überlegte mir meine Suchstrategie.

Ich suchte also jemanden, dessen Profil folgende Eckpunkte erfüllen musste: Vertriebsprofi, gutes Netzwerk in die Automobilindustrie, vor allem Automobilhandel, zudem onlineaffin. Schnell stellte ich fest, dass es eigentlich nur die Wahl zwischen „Schwarz" und „Weiß", „Pest" und „Cholera" gab: Auf der einen Seite sprach ich mit Kandidaten, die zwar definitiv gute Vertriebsleute, aber in der „old economy" der Automobilindustrie verhaftet waren. Diese Kandidaten waren gediegen, um nicht zu sagen arriviert und gesetzt, mit dem branchentypischen Habitus. Ich hatte Schwierigkeiten, mir derartige Kandidaten bei einer Onlinefirma vorzustellen.

Also suchte ich in die andere Richtung und schaute nach Kandidaten, die „online" konnten. Hier traf ich auf ganz andere Typen, tendenziell die Fraktion „Strickweste". Hier wiederum hatte ich Schwierigkeiten mir vorzustellen, wie derartige Kandidaten zu der etablierten, gediegenen Automotive-Industrie passen sollten, ganz zu schweigen davon, dass oft das Branchenverständnis fehlte und diese Klientel tendenziell nicht so autoaffin war.

Wie diese Onlineexperten als Vertriebler die eher konservative Automotive-Klientel begeistern und als ernst zu nehmende Gesprächspartner in dieser Industrie erfolgreich sein sollten, war mir ein Rätsel. Ich vermutete, dass meinem Auftraggeber dieses Dilemma nicht bewusst war.

Ich brauchte wahrscheinlich einen ganz besonderen Kandidaten, einen „Hybrid"-Kandidaten. Jemanden, der in die Automotive Community vernetzt war, die DNA kannte, die Geschäftsmodelle verstand, der auf Augenhöhe mit den Top-Repräsentanten der Automotive Community verhandeln und dementsprechend gediegen auftreten konnte. Der auf der anderen Seite aber innovativ, jugendlich und cool genug war, in der wahrscheinlich anderen Arbeitswelt einer Online Community zu reüssieren. Der sich also, um es mal im Dresscode auszudrücken, in der Strickweste (Onlinewelt), aber auch im Anzug (Automotive) wohl fühlte. Also suchte ich offenbar eine eierlegende Wollmilchsau – und fand sie nicht. Schaute ich mir die zunächst gesourcten Kandidaten an, entsprachen sie entweder eher meiner Vorstellung eines Kandidaten für die Automotive Community oder einem vergleichsweise typischen Vertreter der Onlinewelt. Also entweder dunkelblauer Anzug oder Strickweste.

Mir blieb also nichts anderes übrig, als dem Auftraggeber im ersten Schritt komplett unterschiedliche Kandidaten zu empfehlen: vom extrem coolen Onliner auf der einen Seite bis hin zum Vertreter im dunklen Anzug mit Hornbrille auf der anderen. Dazwischen sortierte ich ein paar Grautöne, die mich aber nicht glücklich machten, denn sie waren vom Kandidatentypus weder „cooler Onliner" noch gestandener Vertriebsprofi aus der Automobilwelt.

Ich brauchte aber Klarheit. Also musste ich unbedingt das Unternehmen, seine Kultur und Atmosphäre „live" erleben. Ich informierte das Unternehmen, dass ich nun fünf Kandidaten hätte, die passen würden, je nachdem ob das Unternehmen mehr Wert auf die Onlinekompetenz oder die Automotive-Erfahrung legte. Es gelang mir mit dem Unternehmen zu vereinbaren, dass ich bei der Kundenpräsentation anwesend sein konnte.

Am Tag der ersten Kandidatenpräsentation wurde mir beim Betreten des Foyers in aller Deutlichkeit bewusst, wie wichtig es ist, sich ein realistisches Bild von dem auftraggebenden Unternehmen zu machen, um so ein Gefühl für die dort herrschende Kultur, die Atmosphäre und den dominierenden Mitarbeitertypus zu bekommen. Was mich hier erwartete, erinnerte mich an die bunte

Hüpfburgen-Atmosphäre skandinavischer Einrichtungshäuser. Überall bunte Ecken mit überdimensionalen Sitzkissen, Lounge-Musik, Kicker, Coffeebars mit diversen freien Getränken und Müsliriegeln.
Mit anderen Worten: Schöner Arbeiten unter Hipstern! Ich brauchte keine Sekunde, um zu erkennen, dass zwei von den fünf ausgewählten Kandidaten wegen mangelndem Hipstertums ausscheiden würden. Sie waren definitiv nicht cool genug für dieses Unternehmen! Den eher gesetzten Kandidaten aus der etablierten Automotive-Industrie merkte man ihr Unwohlsein an. Sie hatten sich zwar mental auf ein „junges" Unternehmen eingestellt, aber nicht auf eine grellbunte Hipsterwelt. Bei den Kandidaten, die ich von anderen Onlineplattformen gesourct hatte, blieb dieser Kulturschock aus.

Wie verlief der Tag? Nun, ich muss gestehen, keiner der fünf Kandidaten passte. Die Automotive-Kandidaten hatten weitestgehend die gewünschte Vertriebserfahrung und Branchenkenntnis, passten aber vom Bewerbertypus nicht. Die Kandidaten aus der Onlinewelt passten vom Bewerbertypus, hatten aber nicht den gewünschten Automotive-Stallgeruch.
Trotzdem war es für mich ein guter Tag. Denn nun war mir klar, dass ich in erster Linie einen bestimmten Typus und in zweiter Linie ein Skill suchte: Den Wandler zwischen den Welten: den hybriden Kandidaten, der sich im Umfeld der Automobilindustrie aufhielt, die Branche verstand, aber selbst innovativ genug war, um sich bei einem Onlineunternehmen zu bewähren. Also jemand, der flexibel genug war, Anzug beim Kunden zu tragen und Chucks beim Arbeitgeber.

So schieden 90 Prozent der Kandidaten aus dem Umfeld der Automobilindustrie aus. Zugleich schieden 90 Prozent der Kandidaten aus dem Online-Umfeld aus, da sie weder den notwendigen Branchenbezug noch den Zugang zu den relevanten Entwicklern hatten. Aber ich hatte dennoch gewonnen: Ich hatte ein Bild des idealen Kandidaten vor Augen. Ich fand den perfekten Kandidaten schließlich durch Zufall auf einem Branchenevent der Automotive Community. Er war einer der Redner. Als ich ihn sah, wusste ich: „Der ist es." Er war nicht mehr ganz jung, aber ein jugendlicher, cooler Typ. Ich sprach ihn diskret an, wir tauschten die Kontaktdaten aus und einige Wochen später vertieften wir unser Gespräch.

Die Stelle wurde mit diesem Kandidaten besetzt. Das Unternehmen ist sehr zufrieden und gestand mir später, dass ihnen erst die von mir präsentierten,

> sehr unterschiedlichen Kandidaten die Augen geöffnet hätten. Erst jetzt wüssten sie, welchen Mitarbeitertypus sie für Aufgaben wie diese brauchten: weder den reinen Hipster noch den gestandenen Branchenkenner, sondern den Wandler zwischen den Welten.

Es ist also unabdingbar, die Kultur eines Unternehmens tiefgreifend zu verstehen. Hätte ich nicht darauf bestanden, das Unternehmen persönlich kennenzulernen, und nur nach dem offiziellen Anforderungsprofil meine Kandidaten selektiert, hätte ich die Position nicht besetzen können.

Wichtig ist auch an dieser Stelle wieder ein Out-of-the-Box-Denken und eine grundlegende Skepsis gegenüber vordergründigen Anforderungsprofilen: Mitunter kennen und verstehen diejenigen, die die Anforderungsprofile erstellen, ihr eigenes Unternehmen nicht, sie haben falsche Vorstellungen von den tatsächlich benötigten Skills und wissen auch nicht, wo sich tatsächlich passende Kandidaten rekrutieren lassen könnten. Wobei „tatsächlich passend" in diesem Fall mehr einen ganz speziellen, jungen und urbanen Lifestyle meint als ein bestimmtes Set an Skills.

Orts-Check

Wir brauchen uns nur für eine Weile in die Lobby eines Unternehmens zu begeben und dort die Architektur auf uns wirken zu lassen, außerdem die Mimik, Haltung und Kleidung der Mitarbeiter und die Umgangsformen des Empfangspersonals, schon haben wir einen vielschichtigeren Eindruck als nach der Lektüre einer noch so aufwändig gestalteten Unternehmensbroschüre.

Der Grund: Architektur und Habitus wirken auf uns ein – ob wir es wollen oder nicht. Sie zapfen unser kulturelles Wissen an, lösen Erinnerungen aus, Assoziationen, Empfindungen.

Am Beispiel der Architektur wird das besonders deutlich: Je nachdem, ob eine Lobby also großzügig und lichtdurchflutet anmutet oder vielmehr eng, dunkel und gediegen, wird völlig unterschiedliches **implizites Wissen** transportiert. „Die Wirtschaftsästhetik geht davon aus", schreibt Biehl-Missal, „dass dieses implizite Wissen in Organisationen durch ästhetische Wahrnehmung entsteht und die Grundlage für alle dort vorhandenen Arten des Wissens bildet, für die Interaktion mit anderen und das gesamte Handeln nach innen und nach außen in die Gesellschaft hinein." (Biehl-Missal 2011, S. 18)

Diese Feststellung ist zunächst einmal wertneutral. Doch im nächsten Schritt wird sie durchaus kritisch. Denn die Eigentümer oder Geschäftsführer eines Unternehmens **entscheiden** sich immer für eine bestimmte Ästhetik, die ein bestimmtes implizites Wissen hervorheben – oder aber verdecken soll. Es ist niemals Zufall, ob sich der Hauptsitz eines Unternehmens in einem 1950er-Jahre-Flachbau in einem grauen Industriegebiet befindet, ob sich das Unternehmen den Entwurf eines Star-Architekten leistet oder ob es in einem stattlichen Gründerzeit-Altbau mit parkähnlichem Anwesen im Hintergrund residiert. Atmosphären wie auch Kulturen werden selbstverständlich gestaltet – die einen Entscheider tun dies bewusst, die anderen eher unbewusst. Eine Aussage aber bringen beide hervor. Mit dem Wissen darum, wie das geht, verbindet sich Macht. „Diese Macht tritt nicht als solche auf, sie greift an beim Unbewussten", stellt Gernot Böhme fest. „Obgleich sie im Bereich des Sinnlichen operiert, ist sie doch unsichtbarer und schwerer fassbar als jede andere Gewalt." (Böhme 2013, S. 39)

Laut Anat Rafaeli und Michael G. Pratt, Autoren des Buches **Artifacts and Organizations: Beyond Mere Symbolism** (2006) können Artefakte – und **Coporate Architectures** sind Artefakte – in drei Dimensionen betrachtet werden

- **Instrumentalität:** wahrgenommene Funktion
- **Symbolik:** wahrgenommene Botschaft und
- **Ästhetik:** wahrgenommene Schönheit.

Diese Dreiteilung erscheint mir sehr hilfreich im Hinblick auf eine systematische Analyse des Orts eines Unternehmens.

Funktion: Wenn die Form folgt

Im Zeitalter der Industrialisierung mussten Fabrikhallen vor allem groß genug sein. Und hell genug. So passten Menschen und Maschinen hinein und so waren möglichst reibungslose Arbeitsabläufe möglich. Dass Menschen auch ein Bedürfnis haben könnten nach schönen Arbeitsplätzen – das blendete man aus. Tische, Stühle und Lampen waren in erster Linie zweckmäßig, stabil und preisgünstig.

Im postfordistischen Zeitalter sind Formen und Funktionen vielerorts auseinander gerückt. Arbeitsräume sollen nicht mehr nur funktional sein, sondern

Kreativität ermöglichen, Kommunikation, Inspiration, Wohlbefinden. Nicht aus reiner Menschenfreude, sondern weil hierzulande nicht mehr hauptsächlich mit emsiger Handarbeit Geld verdient wird, sondern mit **thinking out of the box**, mit Ideen, mit Emotionen, mit Inszenierungen. Derartiges, so die gängige Meinung, kann nicht in boxen-artigen Büros entstehen. Also schafft man sie ab, wo es möglich ist.

Unternehmen wie Google, Microsoft oder Credit Suisse haben ihre Büros sogar eingetauscht gegen künstliche Welten, die alles sein wollen, nur keine Büros mehr: Wer hier arbeitet, bewegt sich in einer Mischung aus Center Park, Spielplatz, Wellness-Oase, Café und TV-Serien-Raumschiff (siehe dazu Ronald Hanisch: Das Ende des Projektmanagements, 2013).

Ein Automobil-Hersteller wie Audi ist hier einen anderen Weg gegangen – nicht zuletzt weil hier immer noch ganz real mit Materialien gearbeitet wird. In den 1990er Jahren waren die Mitarbeiter des Bereichs Elektronik über das gesamte Firmenareal verteilt – intern wurden sie daher scherzhaft „Vereinigte Hüttenwerke" genannt. 2003 wurde das neue Elektronik-Center in Betrieb genommen. Ein futuristischer Bau, in dem alle Glieder der Prozesskette optimal vernetzt zusammengeführt wurden. Auf der einen Seite befinden sich fünf Etagen mit Büros, auf der anderen Seite alle Werkstätten und Labors, verbunden über eine riesige Halle mit zahllosen Brücken und Stegen, die beide Seiten miteinander verbinden. Hier wurde noch nach dem Prinzip gebaut: **Die Form folgt der Funktion** (vgl. die ausführliche Darstellung dieses Beispiels in Schleuter 2009).

Symbolik: Wenn Gebäude sprechen

Aber nicht nur. Die futuristische Form und die großzügigen Dimensionen der großen Halle im Inneren des Gebäudes transportieren auch eine Botschaft. Sie könnte, überspitzt gesagt, so lauten: „Wir sind wieder wer." Tatsächlich ist das Gebäude genau in der Phase entstanden, in der Audi sich vom Image des Branchen-Schlusslichts verabschiedete und sich, langsam aber sicher, wieder ganz vorne einreihte – unter den erfolgreichen Marken. Für die Architektur gilt also: **Die Form transportiert ein Statement**.

Nun steht das Elektronik-Gebäude von Audi mitten auf dem Betriebsgelände in Ingolstadt und ist in der Öffentlichkeit weitgehend unbekannt. Anders sieht es aus mit den typischen „Bankentürmen", die in Großstädten überall auf der Welt

Symbole sein wollen für den unternehmerischen Wert des Aufstrebens – und zugleich für Stabilität, Solidität, Vertrauen. „Ideen von Stabilität und herkömmliche Vorstellungen von Wohlstand und Effizienz lassen sich durch massive bauliche Präsenz eindrucksvoller geltend machen als durch andere Mittel wie verbale oder schriftliche Formen", gibt Biehl-Missal zu bedenken. Text wirkt nur auf unseren Kopf, Architektur aber auf alle Sinne. Extra für Konsumenten entworfene Orte wie die Autostadt Wolfsburg machen sich genau das zunutze.

Dabei zeigt uns die Architektur eines Unternehmens nicht nur, wofür das Unternehmen faktisch steht, sondern auch – und darin gleicht die Symbolik der Architektur allen Statussymbolen –, wofür es stehen **möchte**. Dies nicht nur im Hinblick auf seine Kunden, sondern auch auf seine Mitarbeiter. Ein Gebäude kann uns nach Einschätzung von Alain de Botton sagen, „was wir wichtig finden und woran wir erinnert werden sollten." (de Botton 2008, S. 62)

Corporate Architecture ist gebaute Identität. Das ist der Sinn der aus Beton gegossenen Schönheit. Im Idealfall erkennen Kunden und Mitarbeiter im Zusammenspiel der Formen, Farben und Materialien ihre eigenen Werte und Ideale wieder – und identifizieren sich mit ihrer Marke, beziehungsweise ihrem Arbeitgeber.

Es lohnt sich, genau hinzuschauen und Absichten zu analysieren. Denn Ästhetik hat mit Macht zu tun. Mit Macht, die sich in Szene setzt. Und mit Macht, die sich hinter den schönen Strukturen verbergen möchte – sich manchmal aber auch unbeabsichtigt zeigt.

Brüche: Wenn Hülle und Inhalt nicht zusammenpassen

Besonders interessant wird es für mich, wenn ich für ein Unternehmen tätig werde, dessen Erscheinungsbild nicht konsistent ist. Sei es, dass in einem durchgestylten Ambiente Menschen arbeiten, die das kleinkarierte Flair der 1950er Jahre verbreiten und die Hochglanzflächen ihrer offenen Büros mit allerlei Nippes und Topfgewächs verschönern. Oder umgekehrt: Wenn junge, innovative, auf Performance trainierte, tatkräftige Führungskräfte sich in der drückenden Enge eines Nachkriegs-Flachbaus bewegen.

Recht häufig ist es der Fall, dass sich ein Unternehmen nach außen hin ganz offen und partizipativ, mit Tisch-Kickern vielleicht sogar spaßorientiert geriert, Mitarbeiter und Führungskräfte sich aber tatsächlich mit eingezogenen Köpfen hinter ihren Monitoren verstecken – weil sie sich durch den Chef hinter der Glaswand permanent beobachtet fühlen. Die Möglichkeit, Spaß zu haben und eigene Potenziale auszuschöpfen wird hier zum Zwang, individuell und selbstverwirklicht zu wirken. Nach dem Motto: Authentisch, ja bitte, aber nur den Vorstellungen des Arbeitgebers entsprechend. Offenheit und Transparenz schlagen um in Fremdbestimmung und Kontrolle.

Wenn die in Beton gegossene Botschaft nicht mit dem übereinstimmt, was ich im Unternehmen durch die Interaktion der Menschen wahrnehme, werde ich hellhörig. Denn oft ist dann auch der vom Unternehmen entworfene und heiß begehrte Wunschkandidat genau derjenige, der im Unternehmen auf dem Absatz kehrt machen wird.

In solchen Fällen muss ich sehr genau abwägen, erstens, ob und wie ich den Suchauftrag überhaupt annehme. Zweitens: Ob und wie ich die Ursachen für diese Inkongruenz finde (zumeist findet sich der Grund in der Führungsetage). Drittens: Ob und wie ich die offensichtliche Inkongruenz im Unternehmen anspreche. Und, viertens: Wie ich einen potenziellen Kandidaten darauf vorbereite.

Marken-Check

Die Architektur eines Unternehmens ist ein Teil einer größeren, abstrakter gedachten Struktur: die Marke. Seit Beginn der Industrialisierung hat hier eine ähnliche Entwicklung stattgefunden wie in der **Corporate Architecture**. Eine Marke steht nicht mehr nur für eine bestimmte Funktion, für eine Sachleistung oder für einen Nutzwert, sondern für ein bestimmtes Profil von **Emotionen**.

Markenprofile

Dass Markenführung sich heute statt auf „Sachleistungsprofile“ lieber auf „Emotionsprofile“ konzentriert, hat einen einfachen Grund: Die Funktionsfähigkeit der meisten Produkte ist komplett ausgereizt, gleichzeitig sind Produkte immer ähnlicher geworden. Also muss die Positionierung auf anderen Feldern erfolgen. Freiheit, Unabhängigkeit, Lust und Liebe – das sind die modernen Produktversprechen.

Für meine Kandidatensuche heißt das: Ich brauche Bewerber, die sowohl zur Produktmarke als auch zur Arbeitgebermarke passen. Auf der Suche nach Anhaltspunkten, die über meine persönliche Wahrnehmung der verschiedenen Marken in der Automobilbranche hinausgehen, diese aber auch unterstützen können, bin ich auf interessante Studien gestoßen, und zwar je eine zum Zusammenhang von **Automarken** und **Wertvorstellungen**, zum **Image** von Automarken in der Bevölkerung und zu den typischen **Berufsgruppen**, die sich für bestimmte Automarken entscheiden. Ähnliche Befunde lassen sich für andere Branchen sehr leicht im Netz finden – in ihrer Eindeutigkeit sind sie verblüffend, doch möchte ich hier nicht weiter auf Einzelheiten eingehen.

Studie 1: Automarken und Wertvorstellungen

Guido Kiell und Heike Mesarosch (Grass Roots Germany GmbH) haben in ihrem Aufsatz „Menschen, Marken und Modelle – Eine innovative Methodik zur Zielgruppenbestimmung neuer Automodelle und Submarken" das Wertemodell von Schwartz & Bilsky (1987) mit der Positionierung verschiedener Marken der Automobilindustrie zusammengeführt.

Typisch für das Wertemodell sind zwei Hauptwerteorientierungen: **Selbstbestimmungswerte** (Freiheit, Individualismus, abwechslungsreiches Leben) versus **Traditionswerte** (Ordnung, Disziplin, Tradition). Und eine **universalistische Werteorientierung** (wichtige Werte sind z. B. Fairness, Harmonie, Chancengleichheit) versus eine **egozentrische Werteorientierung** (Autorität, Leistung, Status).

Weil die Anschaffung eines Autos aufwändig und teuer ist und weil das Fahren eines Automobils eine hohe „soziale Sichtbarkeit" mit sich bringt, ist es den meisten Autofahrern wichtig, dass ihr Auto auch zu ihrer Persönlichkeit passt. Sie empfinden ihren Wagen als symbolische Ergänzung ihres Selbst, wenn nicht sogar als reale Verlängerung ihres Körpers (vgl. Schäfer 2012, S. 95). Die Automarke sagt, wer sie sind – oder wer sie gerne sein möchten.

Das funktioniert natürlich nur, wenn das Automobil von sich aus ein klares Statement abgeben kann zur Frage: Wer bin ich? Dass diese rein intellektuelle Zuordnungsleistung von einer größeren Zahl von Umfrageteilnehmern bestätigt werden kann, zeigen die folgenden Studien.

Studie 2: Automarken und ihr Image

Welches Image welche Automarke in der Bevölkerung tatsächlich hat, wurde von der Münchner Unternehmensberatung **Progenium** über insgesamt 18 Marken untersucht. Dazu wurden im November 2011 rund 1.000 Personen telefonisch befragt. Abgefragt wurden die Marken Audi, BMW, Dacia, Ferrari, Fiat, Ford, Hyundai, Jaguar, Mercedes-Benz, Mini, Opel, Peugeot, Porsche, Renault, Seat, Smart, Toyota und Volkswagen.

„Wie schätzen Sie den typischen Fahrer der Marke XY ein?" – so lautete die Frage an die Studienteilnehmer. Abgefragt wurden folgende Merkmale: spießig oder weltläufig, attraktiv oder unattraktiv, bescheiden oder arrogant, sportlich oder unsportlich, umweltbewusst oder nicht umweltbewusst, bevorzugte Partei, schlank oder dick, ernst oder fröhlich, Frau oder Mann, Höhe des monatlichen Netto-Einkommens, Alter, berufliche Position.

Die Ergebnisse spiegeln das Image einer Marke wieder, aber nicht die Realität. So wird Smart-Fahrern zwar eine beruflich relativ niedrige Position zugeschrieben, faktisch ist das aber falsch. Denn viele Smart-Fahrer nutzen ihren kleinen Flitzer nur als Zweitwagen. Immerhin trauten die meisten Umfrageteilnehmer den Mini-Fahrern eine mittlere Position im Beruf zu. Überraschende Antworten auch bei der Frage nach der Weltoffenheit: Während 80 Prozent Peugeot als weltoffen ansehen, sind es bei Mercedes gerade acht Prozent.

Studie 3: Typische Berufsgruppen

Das abgefragte Image lässt sich wiederum mit der Realität abgleichen, wenn man Kfz-Versicherungsverträge daraufhin auswertet, welcher Fahrer welchem Beruf nachgeht. Genau das hat Mathematik-Professor Wolfgang Bischof von der Hochschule Rosenheim mit 56.000 anonymisierten Verträgen getan, und zwar im Auftrag von Transparo, einem Vergleichsportal für Versicherungen (gehört heute zu Verivox). Daraus ergibt sich zum Beispiel (zit. nach www.welt.de, 24.10.2013):

- **Betriebswirte fahren besonders häufig VW**, sie sind mit 23 Prozent die größte Gruppe unter den VW-Fahrern. Der Marktführer aus Wolfsburg liegt auch bei allen anderen Berufsgruppen ganz vorne – „Volkswagen" eben. Auf die Betriebswirte folgen Zahnarzthelfer und Ärzte mit jeweils 21 Prozent sowie Diplom-Ingenieure mit 20 Prozent.
- **Juristen fahren BMW**, zumindest bilden sie mit 14 Prozent die größte Berufsgruppe bei BMW. Sie greifen um 42 Prozent öfter zum bayrischen Premium-Automobil als der Durchschnitt der 40 untersuchten Berufsgruppen.

Fremdheitserfahrungen

Unternehmen in jeder Branche lassen sich also durch bestimmte Positionierungen differenzieren. Diese Differenzierungen zielen eigentlich auf Unverwechselbarkeit, Wiedererkennbarkeit und Passung in der Wahrnehmung der **Konsumenten**. Genauso kommt es aber auch darauf an, dass **Bewerber** zur Positionierung der Marke passen. Der Grund: Als Fach- und Führungskräfte sind sie wichtige Markenbotschafter.

Das heißt nicht, dass sie selbst zwingend zu einem bestimmten Käufer-Milieu zählen müssten. Aber doch, dass sie sich in die Wertvorstellungen und Lebenswelten dieses Milieus hinein denken können und wollen und dass sie diesem Milieu im Idealfall Sympathie entgegen bringen. (Zu diesem Thema siehe auch das lesenswerte Buch von Stefan Merath: Die Kunst, seine Kunden zu lieben, 2011, siehe Literaturverzeichnis).

Bei dieser Herausforderung sind zwei Varianten von Fremdheitserfahrungen denkbar: soziale Diskrepanzen nach oben und nach unten. Zum Beispiel: Ein Kandidat aus großbürgerlichem Hause startet eine Karriere als Führungskraft bei einer im unteren Preissegment angesiedelten Marke. Oder: Ein Kandidat aus dem kleinbürgerlichen Milieu interessiert sich für eine Position bei einem Luxus-Markenhersteller. Beides kommt vor und beides muss auch kein Problem, sondern kann auch sehr erfolgreich sein.

Atmosphären-Check

Jedes Unternehmen schafft sich eine ganz bestimmte Atmosphäre. Wie dargestellt, geschieht dies über die emotionale Positionierung der Marke, über Architektur und Innenarchitektur, über die Selbstdarstellung auf Webseiten und Drucksachen, über den Habitus der Mitarbeiter und nicht zuletzt auch über den Habitus der Kunden. Ungeachtet der offiziellen Marschlinie in der Markenführung entsteht Atmosphäre oft unmittelbar, geradezu drastisch, über die agierenden Führungskräfte. Dazu ein Erlebnis, das mir sehr eindrücklich in Erinnerung geblieben ist:

Ich stellte mich in einem mittelständischen Unternehmen vor, das einen Suchauftrag zu vergeben hatte, aber noch unentschlossen war, ob es mit einer der großen Personalberatungsketten zusammen arbeiten sollte oder mit einem unabhängigen Spezialisten für Executive Search – sprich: mit mir. Gemeinsam mit zwei Mitarbeitern wartete ich in einem Besprechungsraum auf eine Führungskraft, die mit entscheiden wollte, an wen der Suchauftrag gehen sollte. Ungewöhnlich genug – denn diese Führungskraft war genau die, deren Position von extern neu besetzt werden sollte. Im Normalfall ist es nicht der Job eines scheidenden Managers, über seinen „Nachmieter“ zu bestimmen. Plötzlich wurde die Tür aufgerissen – und es erschien eine Zwei-Meter-Figur, die donnerte: „Wo ist der Headhunter!?“ Die beiden anderen Herren reagierten höchst eingeschüchtert. Die imposante Führungskraft setzte sich auf einen Stuhl mir gegenüber, beugte sich zu mir hin und musterte mich eindringlich. Meine Assoziationsketten meldeten das Stichwort „Gorilla“. Höflich stellte ich mich vor und überreichte meine Visitenkarte – er gab mir seine. Er würdigte meine Karte kaum eines Blickes, knickte sie in der Mitte und schnippte sie quer durch den Raum. Daraufhin knickte ich seine Visitenkarte und schnippte diese in eine ähnliche Richtung. „Ihre Karte fliegt weiter“, kommentierte ich diese Übung möglichst trocken. „Diese Nummer haben wir also absolviert. Und jetzt?“ „Ha! Der hat Eier in der Hose. Den nehmen wir!“, donnerte mein Gesprächspartner und verließ den Raum. Mein Adrenalinspiegel sank langsam.

Es ist vielleicht ungewöhnlich, derartig deftige Begebenheiten in einer Publikation über Personalauswahl zu referieren. In der Praxis aber geht es – insbesondere, wenn keine Manager*innen* oder Mitarbeiterinnen anwesend sind – häufig so deftig zu. Vielleicht sogar: immer. Vor allem in der Autobranche. Aber auch der Discounthandel ist für rüde Umgangsformen bekannt.

Was mich an dieser Stelle interessiert, ist aber nicht das mehr oder weniger Knigge-konforme Benehmen von Führungskräften in der Automobil-Zulieferindustrie, sondern die Atmosphäre, die Kommunikation und Zusammenarbeit, die ein Unternehmen prägt.

Zu dieser Fragestellung gibt es einen interessanten Ansatz des Management-Coachs Raimund Schöll. In seinem Aufsatz „Atmosphärische Intelligenz“ (zfo 06/2007) unterscheidet er fünf verschiedene Arten von Atmosphäre:

Die aufgekratzt-hektische Atmosphäre: Hier herrscht Betriebsamkeit, alle sind in permanenter Bewegung, sprechen im Stakkato-Stil, gehen bemüht locker und lässig miteinander um, sind zugleich aber durchaus nervös.

Die kämpferisch-hitzige Atmosphäre: In einem solchen Klima wird „eher marschiert als gegangen". Mitarbeiter und Führungskräfte sprechen gerne von Sieg, Schlacht und Kampf. Rau und hitzig geht es zu, trotz (oder wegen?) des herrschenden Kampfgeists, aber auch fokussiert. Diese Art von Klima ist vorherrschend in fast allen Unternehmen der Automobilbranche.

Die niedergeschlagen-ohnmächtige Atmosphäre: Schöll zufolge sind in dieser Atmosphäre eine eingefrorene Mimik, bewegungslose Körper und ein gedämpfter bis weinerlicher Sprachstil typisch. Mitarbeiter sehen sich als Schicksalsgemeinschaft und wirken müde. Derartige Atmosphären erlebe ich persönlich bei meinen Auftraggebern eher nicht.

Die freundlich-gelassene Atmosphäre: Unverkrampft, routiniert und engagiert geben sich Mitarbeiter und Führungskräfte in diesem Klima. Ihre Kommunikation verläuft ruhig und sachlich, aber auch humorvoll. Die herrschende Stimmung lässt sich beschreiben mit „leicht" und „klar". Es gibt ein ausgewogenes Verhältnis von Nähe und Distanz.

Die kühl-distanzierte Atmosphäre: Hier wirken unnahbare, auf Erfolg und Karriere fokussierte, „coole" Führungskräfte und Mitarbeiter. Die Kommunikation verläuft nüchtern und ist geprägt durch viel Fachjargon. Man agiert betont sachlich und manchmal dünkelhaft bis abweisend.

In meiner Praxis erlebe ich alle Atmosphären – interessanterweise kann dies auch innerhalb eines einzigen Unternehmens der Fall sein. Während zum Beispiel in der Technischen Entwicklung aufgekratzt-hektisch gearbeitet wird, kann das Marketing niedergeschlagen-ohnmächtig vor sich hin dümpeln. Das ist insbesondere in wirtschaftlich schwierigen Zeiten der Fall, in denen Marketingbudgets regelmäßig gekürzt oder komplett gestrichen werden.

Wichtig für meine Arbeit als Headhunter ist es, einen Kandidaten zu finden, der sich auf die jeweils herrschende Atmosphäre einstellen kann. Das ist leichter gesagt, als gelebt. Denn tatsächlich kommen gerade junge Kandidaten gerne mit dem Anspruch in eine neue Abteilung, „frischen Wind" auf und die Kollegen in Schwung zu bringen. Ein solcher Ansatz führt regelmäßig zu einem schnellen Ende der Arbeitsbeziehung.

Lookism: Der Kandidat muss „sexy" sein

Bewerber müssen also vor allem zur Kultur, außerdem zur Marke und zur Atmosphäre eines Unternehmens passen. Aber das ist noch nicht alles: Darüber hinaus gibt es auch einen gewünschten Mitarbeiter-**Look**.

Natürlich wird kein Unternehmen offen darüber sprechen – doch Fakt ist: Wer dem gewünschten Schönheitsideal nicht entsprechen kann, wird zumeist nicht eingestellt. Angelehnt an den Begriff **sexism** wird diese Art der Diskriminierung nun **lookism** genannt. Wirtschaftsästhetik-Expertin Biehl-Missal formuliert es wie folgt (Biehl-Missal 2011, S. 47):

> *„Es wird davon gesprochen, dass die Körper der Mitarbeiter wie Puppen zu ästhetischen Artefakten werden, zu geformten Stellvertretern von Unternehmen, wie es auch die Architektur ist. Alle Mitarbeiter, auch Führungskräfte, werden nicht nur rational beurteilt, sondern unterliegen diesem ästhetischen Zwang mit begrenzten individuellen Gestaltungsmöglichkeiten."*

So hart das ist – ich kann diesen Eindruck nur bestätigen. Mitarbeiter und Manager müssen in den meisten Unternehmen einen ganz bestimmten Look haben. Sie werden als Objekte mit einem eigenen ästhetischen Wert betrachtet, geprüft und eingekauft – oder eben nicht. Dahinter steht der Wunsch nach einem stringenten Erscheinungsbild: einer klaren **Corporate Identity** mit konsistenter Umsetzung in den Bereichen **Corporate Behaviour**, **Corporate Design** und **Corporate Communication** (vgl. Eckelt 2014a, S. 55). Dass sowohl das Verhalten, das Aussehen und auch die Kommunikation von Mitarbeitern eng mit deren Erscheinungsbild verbunden sind, liegt nahe, wird aufgrund der implizierten **political incorrectness** aber nicht offiziell ausgesprochen.

Das Phänomen des **lookism** ist übrigens nicht neu, Siegfried Kracauer hatte es bereits in seinem Buch **Die Angestellten** beschrieben, das bereits 1929 veröffentlicht wurde (Kracauer 1971, S. 24):

> *„Ein Beamter eines Berliner Arbeitsamtes erklärte mir, daß Leute mit körperlichen Fehlern, Hinkende etwa oder gar schon Linksschreiber, als erwerbsbeschränkt aufzufassen und besonders schwer unterzubringen seien. Oft schult man sie um. Aus der verminderten Absatzfähigkeit von Runzeln und angegrauten Haaren macht der Beamte keinen Hehl."*

Hier greift offenbar das gleiche Prinzip, das sich auch in der Warenwelt durchgesetzt hat. Es geht nicht mehr um das Befriedigen von Bedürfnissen allein: Nahrung gegen den Hunger, Kleidung gegen die Kälte, ein „fahrbarer Untersatz", weil wir uns fortbewegen wollen. Solche Bedürfnisse lassen sich leicht befriedigen.

Andere aber nicht. Im Bereich der Statussymbole gilt sogar das Gegenteil. Das „Habenwollen" (vgl. dazu **Habenwollen** von Wolfgang Ullrich, 2008) hört nie auf. Je mehr wir versuchen, es zu stillen, desto stärker wird es. So können wir davon ausgehen, dass wir es hier gar nicht mit „Bedürfnissen" zu tun haben, sondern vielmehr mit einem „Begehren". Vielleicht sogar mit Gier.

Wenn es stimmt, wie Böhme meint, dass sich ein großer Teil unserer Wirtschaft in eine ästhetische Ökonomie verwandelt hat, in der ein immer größerer Teil der geleisteten Arbeit nicht mehr auf die Produktion von Waren zielt, sondern auf die **Inszenierung** von Waren, von Unternehmen und Personen – dann liegt ein weiterer, recht radikaler Gedanke nahe.

Bewerber als Objekte der Begierde

Der überall empfundene und bereits vielfach widerlegte Fachkräftemangel könnte nichts anderes sein als ein nicht stillbares Begehren nach immer mehr ästhetisch ansprechenden Mitarbeiter-Objekten. Dabei geht es gar nicht um den „Gebrauchswert" eines Mitarbeiters oder um seinen „Tauschwert" (um hier einmal auf historische Begriffe der politischen Ökonomie zurückzugreifen), sondern um seinen Wert für die Selbstinszenierung des Unternehmens. Für die Schaffung einer bestimmten Atmosphäre. Dieser Wert, der ästhetische Wert oder Inszenierungswert, ist möglicherweise zu einem eigenständigen Werte-Typus geworden, der Unternehmen sehr viel bedeutet.

Und das sogar zurecht: Die Wirtschaftswissenschaftler Daniel S. Hamermesh und Jeff E. Biddle haben nicht nur festgestellt, dass attraktive Menschen häufiger eingestellt werden und im Schnitt zehn bis 15 Prozent mehr verdienen als weniger attraktive Kollegen. Sie konnten außerdem nachweisen, dass Firmen, die sehr attraktive Mitarbeiter einstellten, zehn bis 15 Prozent mehr verdienten als Unternehmen mit durchschnittlich attraktiven Angestellten (vgl. Navarro 2011, S. 126)

Kein Wunder also, dass Unternehmen „händeringend" (so die Standard-Formulierung in den einschlägigen Medien) nach immer neuen, nach immer mehr der so genannten High Potentials suchen. Getrieben von einer genauen und geradezu stereotypen Vorstellung davon, wen sie brauchen: den Hochglanz-Kandidaten mit Markenuhr, Markenoutfit und Zeugnissen von Marken-Unternehmen und Marken-Universitäten. Ein perfektes Produkt.

So hat vielleicht nur die Warenförmigkeit der Kandidatensuche zu dem Eindruck geführt, die „echten" High Potentials seien rar und auch dazu, dass die tatsächlichen Leistungsträger, die dem begehrten Stereotyp zufällig nicht entsprechen als Kandidaten nicht in Betracht gezogen werden: Gemeint sind hier solche, die älter sind oder jünger, die nicht den erwarteten Look mitbringen, vielleicht sogar einen Migrationshintergrund, das „falsche" Geschlecht oder – siehe die Beobachtung von Kracauer – ein kürzeres Bein haben.

In meiner Praxis habe ich aber auch schon den umgekehrten Fall erlebt. Hier passte der von mir als besonders geeignet eingeschätzte Kandidat deshalb nicht, weil er „zu gut" aussah. Sprich: besser als der Vorstand. Dass diese Variante ebenfalls nicht funktioniert, zeigt folgendes Beispiel:

> Ein inhabergeführtes Automobilzulieferunternehmen suchte im Zuge einer Nachfolgeregelung einen technischen Geschäftsführer. Das Unternehmen existierte seit 50 Jahren und befand sich in ländlicher Idylle in Bayern. Mit seinen Produkten gehörte es zu den „hidden champions", den heimlichen Weltmarktführern. Das Unternehmen war wirtschaftlich solide und stolz auf seine Tradition. Zudem war es als Förderer der heimischen Kultur, so auch als Namensgeber vieler örtlicher Vereine tätig: vom Schulchor bis zur Freiwilligen Feuerwehr.
>
> Das Briefinggespräch fand im Büro des über 70-jährigen Patriarchen statt. Außerdem war der Vorstandsvorsitzende anwesend, ein promovierter Osteuropäer. Beide Herren waren von eher kleinem Wuchs und im Denken und Handeln sehr wertkonservativ. Die ganze Atmosphäre war gedämpft: Dunkle, getäfelte Wände, an den Wänden Ölportraits der bisherigen Geschäftsführer. Die Tonlage bedächtig. Es sprach der Senior, gelegentlich ergänzt um Kommentare des Vorsitzenden der Geschäftsführung. Das gewünschte Profil war in fachlicher Hinsicht nicht zu beanstanden, auch ich hatte ein ähnliches Profil für den Technischen Geschäftsführer eines Zulieferers erstellt:
>
> Mehrjährige, erfolgreiche Tätigkeit in ähnlicher Funktion bei einem am Markt etablierten Unternehmen der Zulieferindustrie, profunde Erfahrung

in Mitarbeiterführung, Studium an einer Technischen Universität, nach Möglichkeit ergänzt um Promotion und gegebenenfalls Auslandserfahrung. Alter: Mitte 40, gerne älter, Familienstand verheiratet, mobil, um auch im Ort der Unternehmenszentrale im lauschigen Bayern seinen Lebensmittelpunkt zu finden. Von der Gehaltsstruktur zu einem Familienunternehmen passend, kein Konzerntyp, was auch immer das heißen sollte, gerne ein Pragmatiker, solide, eben Mittelstand. Zielfirmen: aus der Branche, gerne ebenfalls von einer „ersten“ Adresse.

Die Suche begann, der Markt wurde gescreent und schneller als vermutet waren meine Kandidaten für den Casting-Wettbewerb zusammengestellt. Es waren unterschiedliche Kandidatenprofile, jedes Profil hatte seine Vorzüge. Ein Kandidat stach besonders heraus: Er war für mich der ideale Kandidat, da er alle Anforderungskriterien auf geradezu ideale Weise zu erfüllen schien: Mitte 40, promovierter Maschinenbauer mit der Fachrichtung Produktionstechnik, charismatische, gestandene und eloquente Persönlichkeit, erstklassige Vita, mobil, verheiratet, wechselwillig und kurzfristig verfügbar; Gehaltsvorstellungen der Position, seiner Vita und dem vorgegebenen Rahmen angemessen. Er war meine Nummer eins.

Ich informierte das Unternehmen, übersandte die Vita des Kandidaten und lud ihn auf einen Samstagnachmittag zu einem ersten Kennenlerngespräch in das Zulieferunternehmen ein. Schon bei der Begrüßung der beiden Herren stellte ich Folgendes fest: Es standen sich David (der Vorstandsvorsitzende) und Goliath gegenüber. Nicht feindselig, aber der körperliche Kontrast war verblüffend. Der Vorsitzende des Vorstandes wurde von dem Kandidaten um zwei Köpfe überragt.

In meinem Vorgespräch mit dem Unternehmen auf der einen Seite und meinem Kandidaten auf der anderen Seite war mir dieser Tatbestand zwar aufgefallen und in meinen Überlegungen durchaus präsent – die hervorragende Qualifikation und Eignung des hünenhaften Kandidaten sprachen meiner Einschätzung nach aber für sich. Ich war außerdem gespannt, wie sich vor dem Hintergrund der offensichtlichen körperlichen Diskrepanz die Chemie zwischen Kandidat und Unternehmen entwickeln würde.

Den Kandidaten hatte ich im Vorgespräch mit dem zu erwartenden Setting konfrontiert und überprüft, ob er mit den Spezifika der Vakanz und seinen subtilen Aspekten (sehr traditionsbewusstes Familienunternehmen, starke regionale und lokale Verwurzelung etc.) leben könnte. Schließlich wies ich den Kandidaten noch darauf hin, dass sein zukünftiger Geschäftsführerkollege eine eher kleine Person sei und er gerne ihm die Bühne überlassen und Ehre erweisen sollte. Im Klartext: Er sollte nicht die allein durch seine Körperlichkeit bezeugte Dominanz durch zu forsches Auftreten untermauern.

Diesem Ratschlag folgte der Kandidat und er führte ein exzellentes Gespräch. Üblicherweise spiele ich bei derartigen Kandidatenpräsentationen keinen aktiven Part, sondern sehe meine Rolle als die eines Moderators, der den Gesprächsverlauf skizziert, den Weg vorzeichnet und nur eingreift, wo es nötig ist. Ich sehe einen größeren Wert darin, dass ich auf die Interaktion der Gesprächsteilnehmer achte. So kann ich feststellen, ob die Chemie zwischen den Parteien passt.

Der Kandidat präsentierte sich ausgezeichnet, befolgte meine Ratschläge. An der Mimik und Gestik meines Auftraggebers, dem Vorsitzenden der Geschäftsführung, konnte ich ablesen, dass er von der profunden Erfahrung des Kandidaten sehr angetan war. Auch der Kandidat fühlte sich sichtlich wohl. Nach zwei Stunden intensiver Gespräche verabschiedeten sich beide Seiten sehr herzlich. Ich war überzeugt, eine „Ehe“ gestiftet zu haben.

Aber als ich den Geschäftsführer fragte, ob er sich weitere, vertiefende Gespräche mit dem Kandidaten vorstellen konnte, sagte dieser: „Nein, ein erstklassiger Kandidat, aber er passt nicht zu uns!“ Ich fragte nach, insistierte, bekam aber keine weiteren Informationen. Ich grübelte und präsentierte anschließend einen auf den ersten Blick eher zweitklassigen Kandidaten, der aber in einigen anderen Punkten durchaus überzeugen konnte.

Es war wieder ein Experiment: Der Kandidat, den ich nun präsentierte, hatte nicht das Format des ersten Kandidaten. Zwar hatte auch dieser Kandidat das richtige Fach studiert, war promoviert und hatte einschlägige Berufserfahrung, war ebenso wechselwillig und mobil. Allerdings war seine Vita für meinen Geschmack durch zu viele Wechsel geprägt und meiner Einschätzung nach brachte der Kandidat auch nicht den Drive und Erfolgswillen meines Wunschkandidaten mit.

Aber seine Körperlichkeit war wie die des Auftraggebers: Er war klein, sprach ebenso leise, langsam, ja geradezu bedächtig. Im Interview redete er wenig. Sein Redeanteil beschränkte sich auf vielleicht 20 Prozent. Er überließ die

Bühne dem Geschäftsführer des Unternehmens. Nach einer Stunde war das erste Gespräch mit dem Kandidaten beendet, ich fragte den Unternehmensvertreter nach seinem Eindruck und er antwortete: „Erstklassiger Kandidat, überzeugende Vita, der Mann passt zu uns."

Der Kandidat wurde erneut eingeladen und letztendlich hat das Unternehmen sich für ihn entschieden. Hat er die an ihn gestellten Erwartungen erfüllt? Ja. Er ist heute noch auf seinem Job, er akzeptiert den klaren Führungsanspruch des Vorsitzenden der Geschäftsführung. Das Unternehmen ist mit diesem Kandidaten sehr zufrieden; der Kandidat ist es übrigens auch.

Auch wenn der Vorstandsvorsitzende nie dezidiert über die wahren Motive seiner Wahl gesprochen hat, habe ich den Ablauf dieser Personalwahl folgendermaßen analysiert: Der Vorstandsvorsitzende hatte einen eindeutigen Migrationshintergrund. Er kam zu Beginn der 80er Jahre aus dem damals so genannten „Ostblock", hatte mit äußerster Disziplin auf dem zweiten Bildungsweg Studium und Promotion absolviert. Dann mit Ehrgeiz, Fleiß und guter Leistung seinen Weg in der Industrie gemacht, der ihn schließlich zu dem Familienunternehmen geführt hatte, wo er die Position des Vorstandsvorsitzenden übernahm. Er genoss einen ausgezeichneten Ruf in der Branche und das Vertrauen und Ansehen der Familie. Diese Stellung wollte er nicht gefährden, indem er einen zweiten Vorstand ins Boot holte, der ihm diesen Platz an der Sonne streitig machten konnte. Insofern war der erste Kandidat in seinen Augen möglicherweise eine Bedrohung, die sich nicht nur in der schieren Größe (wir erinnern uns: er überragte den Vorstand um zwei Köpfe) zeigte. Er war zudem extrovertiert und hatte eine andere, eher „upper class" Sozialisation erfahren, die erfahrungsgemäß intern wie extern schnell den Eindruck „starke Persönlichkeit" erzeugt.

Der zweite Kandidat dagegen ähnelte dem Vorstand auf multiple Art und Weise: Auch er kam aus dem ehemaligen Ostblock. Auch er hatte sein Studium bis hin zur Promotion auf dem zweiten Bildungsweg erworben. Seine Statur war zudem ähnlich zierlich wie die des Vorstands. Auch seine Art zu kommunizieren war eine exakte Kopie der handelnden Personen des Auftraggebers. Zudem war der Kandidat so klug, dem Vorstandsvorsitzenden seinen Platz an der Sonne zu lassen und sich mit gehörigem Abstand auf dem zweiten Platz einzurichten.

Diese Geschichte zeigt, dass nicht zwangsläufig die vermeintlich oder vielleicht auch objektiv besseren Kandidaten tatsächlich die Kandidaten sind, die ein Unternehmen einstellt oder mit denen ein Unternehmen auf Dauer glücklich wird. Oftmals spielen noch ganz andere Kriterien eine Rolle. Viele, die mehr oder weniger ersichtlich sind wie Körpergröße oder Sozialisation. Und andere, die noch viel subtiler sind. Selten bis nie werden diese Einflussgrößen auf Personalentscheidungen offen adressiert, sie spielen aber eine wesentliche Rolle.

Für Personalentscheider heißt das zum einen, sich bewusst zu sein, welche Faktoren im Hintergrund für eine bestimmte Entscheidung auch eine Rolle spielen können. In den Fällen, in denen im Unternehmen eine offene Feedbackkultur herrscht, ist es die Aufgabe des Headhunters, die Führungskräfte objektiv in ihrer Kandidatenauswahl zu beraten und dabei aufzuzeigen, warum der eine Kandidat, der auf den ersten Blick so gut zu passen scheint (Halo-Effekt), vielleicht doch nicht die erste Wahl ist. In den Fällen, in denen in Unternehmen keine offene Kultur herrscht, ist es die Aufgabe des Beraters, auf diese Umstände zu achten, auch wenn er sie nicht immer unbedingt ändern kann.

Zu guter Letzt muss der Köder dem Fisch schmecken. Das Unternehmen muss mit seiner Personalauswahl glücklich und langfristig zufrieden sein. Wenn in Unternehmen und bei den beteiligten Personalentscheidern aber sukzessive zumindest eine Erkenntnis reift, welche Faktoren (Habitus, Körperlichkeit, sogar Merkmale wie eine bestimmte Haarfarbe) ihre Entscheidung für oder gegen einen objektiv brillanten Kandidaten beeinflussen und dass diese bei mangelnder Reflexion zu Quellen von Fehlentscheidungen werden können, ist auch schon viel erreicht. Dann ist schon ein großer Schritt in Richtung qualifizierter Personalauswahl gemacht.

Viertes Fazit

Ein passender, „richtiger" und „sehr guter" Kandidat ist nicht per se ein solcher. Er kann sich als ein solcher aber in der Praxis entwickeln, wenn die Konstellationen stimmen.

▶ Wer den perfekten Kandidaten finden will, muss zuerst das suchende Unternehmen richtig einschätzen können.

- Die im Unternehmen gelebte Kultur und die damit verbundenen Werte zeigen sich über die erzählten Geschichten, über die Beobachtung von Führungskommunikation und über zahlreiche visuelle Aspekte – vom Internet-Auftritt über das Interior Design bis hin zur Architektur.

- Sehr aufschlussreich ist die Frage danach, welcher Mitarbeitertypus das Unternehmen prägt – oder umgekehrt, wie Mitarbeiter durch das Unternehmen geprägt werden.
- Die Ästhetik eines Unternehmens gibt sehr wertvolle Hinweise auf das von der Führung gewünschte Selbstverständnis des Unternehmens. Es zeigt mehr oder weniger verdeckte Machtstrukturen. Außerdem die Bemühungen eines Unternehmens, Loyalität zu Kunden und zu den eigenen Mitarbeitern herzustellen. Nicht zuletzt verrät die Ästhetik, wie ein Unternehmen die Diskrepanz zwischen dem komplexen Innenleben ihrer Produkte und der begrenzten Kompetenz ihrer User verkleidet.

Für Personalverantwortliche heißt das: Schauen Sie sich ihr Unternehmen einmal mit einem fremden, vielleicht sogar kalten Kritikerblick an. Welche Statements werden über Kultur und Ästhetik transportiert? Vielleicht zeigt sich so, dass Ihr Unternehmen tatsächlich nicht zum Profil der von Ihnen gewünschten Kandidaten passen kann. Dann haben Sie zwei Möglichkeiten: Sie verändern das Unternehmen (was nicht so leicht ist). Oder Ihr Suchprofil.

▶ **Die Ästhetik des Unternehmens spielt in Personalauswahlprozessen eine zentrale Rolle.**

- Interior Design, Corporate Architecture und die von Managern und Mitarbeitern getragene Atmosphäre eines Unternehmens transportieren ein enormes Maß an implizitem und komplexem Wissen.
- Die wahrnehmbare Ästhetik eines Unternehmens erzeugt im Betrachter eine bestimmte Resonanz.
- Durch „mimetisches Handeln“ suche ich als Headhunter Anschluss an die Kommunikationsstrukturen und mehr noch, an die komplette soziale Welt eines Unternehmens. Meine „Mimesis“ umfasst eine Angleichung meiner kompletten Ästhetik an die des Unternehmens – vom Outfit bis hin zu der von mir gewählten Sprache. So bereite ich eine Plattform vor, auf der das Unternehmen und der von mir ausgesuchte Kandidat mit einem guten Bauchgefühl optimal „andocken“ können.

- Weil auch Bauchgefühle („somatische Marker") in die Irre führen können, kommt das rationale Handeln im ästhetischen Feld nicht zu kurz. Hier geht es um Urteilsvermögen im Hinblick auf die durch das Sehen-lassen von Markenprodukten gesetzten Statements.
- Wenn ich später meine Kandidaten berate, auf eine bestimmte Art und Weise zu kommunizieren, sich zu zeigen und sich am Ort auf eine bestimmte Weise zu verhalten, dann mit dem Ziel, beim Gesprächspartner im Unternehmen eine möglichst positive Resonanz zu erzeugen.

Für Personalverantwortliche heißt das: Erstens: Schulen Sie Ihren Blick! Nicht zuletzt im Hinblick auf die Headhunter, mit denen Sie zusammenarbeiten. Prüfen Sie, inwiefern ein Headhunter in der Lage ist, die über Ästhetik vermittelten Spielregeln zu sehen, zu verstehen, mitzuspielen und Kandidaten zu finden, die ebenfalls genau dazu in der Lage sind.

Zweitens: Ob Kandidat und Unternehmen zueinander passen, ist diesen Überlegungen zufolge **auch** eine Frage der Ästhetik eines Unternehmens. Und nicht allein eine Frage der Kompetenzen. Diese Ästhetik vermittelt sich durch seine Architektur, sein Interior Design und genauso durch die ästhetische Erscheinung der Führungskräfte, der Mitarbeiterinnen und Mitarbeiter. Die Ästhetik eines Bewerbers muss hier anschlussfähig sein. Die Praxis zeigt: Je mehr ein Kandidat dem vorherrschenden Mitarbeitertypus entspricht, desto besser sind seine Chancen. Diese Praxis entspricht zwar nicht den in den meisten Unternehmen offiziell formulierten Vorstellungen von Toleranz, Offenheit und **Diversity**. Sie ist aber Fakt. Aus folgendem Grund: Über die verkörperte Ästhetik vermitteln sich Werte. Beides – ästhetische Darstellung und wertmäßige Vorstellungen – sind die wichtigsten Grundlagen für das Gelingen des Erstkontakts zwischen Kandidat und suchendem Unternehmen. Je weniger „Störgeräusche" in dieser Phase auftreten, desto reibungsloser die Vermittlung.

Diese Art der **best practice** zeigt, wie Headhunter und Kandidaten in der aktuell herrschenden **ästhetischen Ökonomie** kurzfristig erfolgreich sein können. Dass fehlende **Diversity** langfristig zu gravierenden Folgeschäden führt, steht auf einem anderen Blatt.

- **Zentrale Faktoren sind der Ort, die Marke und die Atmosphäre Ihres Unternehmens. Ihr Kandidat muss in jeder Hinsicht passen.**

- Der Ort Ihres Unternehmens drückt Emotionen aus (dazu trägt die Geschichte des Ortes bei), er sagt etwas über die Funktion des Ortes aus (z. B. das Mobilisieren von Kreativität), er drückt ein Statement aus und kann zumeist gewisse Brüche in der Gesamtkonstellation nicht kaschieren.
- Die Unternehmensmarke und die Produktmarken des Unternehmens stehen für bestimmte Werte, für ein bestimmtes Image und die Zugehörigkeit zu bestimmten sozialen Milieus der Kunden.
- Die Atmosphäre eines Unternehmens wird geprägt durch Manager und Mitarbeiter, aber auch durch die Rahmenbedingungen und Gepflogenheiten der jeweiligen Branche.
- Ich beobachte eine Tendenz, dass Unternehmen Kandidaten suchen, die zum Ort, zur Marke und zur Atmosphäre des Unternehmens passen. Was grundsätzlich richtig ist, dann aber zum Problem wird, wenn die Selbstwahrnehmung im Hinblick auf diese Faktoren unreflektiert und von Stereotypen dominiert bleibt. Wenn diese Tendenz so weit ginge, dass der zu suchende Kandidat als käufliches „Objekt der Begierde" wahrgenommen wird, das nach dem Motto „je besser der **Look**, desto höher der Wert" zur Steigerung des eigenen Status „verwendet" werden soll, müssten sich Kandidaten tatsächlich fragen, ob sie in einem solchen Unternehmen arbeiten wollen. Ich habe diesen Extremfall selbst noch nicht erlebt.

Für Personalverantwortliche heißt das: Die Positionierung eines Unternehmens ist im Hinblick auf die Konsumenten wichtig – und genauso wichtig im Hinblick auf die auszuwählenden Kandidaten.

Ein Kandidat muss nicht dem Milieu der Zielgruppen entstammen (bei einem Unternehmen, das Produkte für mehrere Zielgruppen herstellt, ist das auch gar nicht möglich). Er muss sich aber ohne innere Widerstände in die Wertvorstellungen dieses Milieus versetzen können und wollen.

V Kandidaten sicher lesen

Wer verspricht, Kandidaten lesen oder allgemeiner, Menschen durchschauen zu können, der bewegt sich schnell auf dem Gebiet der Scharlatanerie. Von diesem Gebiet möchte ich mich an dieser Stelle sehr klar abgrenzen. Zumal es keinerlei Beweise für die Zuverlässigkeit der dargestellten Methoden gibt – nur die Behauptung, dass einige etwa so alt seien wie die Menschheit selbst. Was sie nicht automatisch wahr oder richtig macht.

Drei Irrwege der „Menschenleserei"

Um Ihnen einen Eindruck zu vermitteln, was auf diesem Gebiet mit welchem Selbstbewusstsein betrieben wird und welche stichhaltigen Argumente gegen diese Methoden sprechen, hier ein kleiner Einblick in das Geschäft der Menschenleserei. Ausgewählt habe ich das Schädel-Lesen („Physiognomik"), das Lesen der menschlichen Mimik und Körpersprache.

Irrweg 1: Physiognomik

In Verkaufstrainings zum Thema „Physiognomik" oder „Psycho-Physiognomik" lernen Teilnehmer, aus dem Augenabstand oder aus dem Neigungswinkel der Stirn eines potenziellen Käufers zu schließen, wie diesem eine Ware wohl am besten zu verkaufen wäre.

Der Begriff setzt sich zusammen aus dem altgriechischen Wort **physis** für **Natur** oder **Gestalt** und **gnome** für **Erkenntnis**. Der Ursprung dieser „Kunst" geht auf Aristoteles zurück, der anhand von Äußerlichkeiten auf den Charakter schließen wollte. Auch im medizinischen Bereich wurden Deutungsansätze gemacht – denn in einer Zeit ohne Röntgengeräte, Ultraschall und Blutuntersuchungen blieb den Ärzten nicht viel anderes übrig als der Versuch, aus äußeren Anzeichen auf den Krankheitsverlauf zu schließen (vgl. Böhme 2013, Seite 171). War der Verlauf kritisch, zeigte sich nach Hippokrates das „facies Hippocratica" und man wusste, es geht zu Ende.

Insgesamt handelt es sich um ein unklares Theoriegebäude, auf das sich aber bis heute diverse Nachfolger berufen – zum Beispiel Wilma Castrian mit ihrem

Lehrbuch der Psycho-Physiognomik: Antlitzdiagnostik für die Praxis. Gegen die Physiognomik sprechen folgende Argumente:

1. **Menschenkenntnis-Theorien wie die Physiognomie sind wissenschaftlich nicht haltbar**

   Natürlich ist der Gedanke verlockend, es ließe sich an der Nase eines Kandidaten seine Eignung für einen Beruf ablesen. Leider funktioniert das aber so wenig wie die Vorhersage der eigenen Zukunft mit Hilfe der Astro-Seite aus einer beliebigen Publikumszeitschrift. Und leider wird dies wissenschaftlich sehr selten auf den Prüfstand gestellt. Es gibt nur sehr wenig Empirie – weil sich kaum ein Wissenschaftler die Mühe macht, sich mit den Niederungen der Pseudo-Lehren abzugeben.

   Mit einer Ausnahme: Jürgen Deller, Professor für Wirtschaftspsychologie an der Universität Lüneburg, testete gemeinsam mit seinem Doktorvater Werner Sarges die diagnostische Kompetenz des gelernten Fahrzeuglackierers Dirk Schneemann, der glaubt, mit seinem System der „Psycho-Physiognomik" den Charakter eines Menschen erkennen zu können. Dazu Dellers Fazit: „Die wissenschaftliche Analyse konnte nicht belegen, dass das System etwas erfasst, was wir unter Persönlichkeitsmerkmal verstehen." Werner Sarges formuliert sein Fazit etwas drastischer: „Das ist kompletter Unsinn." (zit. nach Schwertfeger 2006)

2. **Die Physiognomik verwechselt Sender und Empfänger**
   Das **In-Erscheinung-Treten** eines Kandidaten ist ein **aktiver** Vorgang, an dem der Kandidat und sein Gegenüber gleichermaßen beteiligt sind. Ein Bewerber **ist** also nicht einfach im Hinblick auf ein suchendes Unternehmen „attraktiv", er **hat** auch diese Attraktivität nicht wie einen Besitz, sondern der Eindruck seiner Attraktivität entsteht in der Wahrnehmung seines Gegenübers. Es ist also unmöglich, eine Kandidaten-Nase objektiv zu lesen.

3. **Die Physiognomik verwechselt Habitus und Charakter**
   Wenn ein Kandidat selbstbewusst daher kommt, wenn er den stolzen und aufrechten Gang pflegt, der in der Feudalzeit dem Adel vorbehalten war, zur Zeit des aufstrebenden Bürgertums von ebendiesem kopiert wurde und heute von allen gehobenen Milieus gepflegt wird, ist dies kein Zeichen für ein bestimmtes Set an Charaktermerkmalen. Auch kein Zeichen für eine starke

Persönlichkeit. Sondern in den meisten Fällen ausschließlich ein Merkmal seines sozialen Hintergrunds.

Sogar das Aussehen eines Gesichts ist geprägt durch die mehr oder weniger harte, körperliche Arbeit eines sozialen Milieus und durch weitere, typische Lebensgewohnheiten wie regelmäßiger Sport, bestimmte Ernährungsgewohnheiten und ein mehr oder weniger zermürbendes Lebensumfeld.

Wer behauptet, Menschen lesen zu können, und all diese sozialen Merkmale für Ausprägungen des Charakters hält, der zementiert erstens soziale Ungleichheiten. Zweitens festigt er die herrschende, soziale Monokultur in den Unternehmen – was der Innovationsfähigkeit der Unternehmen letztendlich schadet. Und drittens trägt er wenig dazu bei, dass fähige Kandidaten bei händeringend nach neuen Potenzialen suchenden Unternehmen platziert werden können.

4. **Schön ist nicht automatisch gut**
   Zu Zeiten Platons, also vor etwa 2.500 Jahren, galt Schönheit nicht nur als bloßer Schein, sondern als zusammenhängend mit dem Gut-Sein. „So sind die guten Bürger die angesehenen, und als angesehene Bürger sind sie auch schön." (zit. nach Böhme 2013, S. 291)

   So ähnlich denken wir auch heute noch. Ein attraktiver Kandidat scheint auf den ersten Blick auch ein kompetenter Kandidat zu sein. Dabei ist, wie der französische Schriftsteller Stendhal es formuliert hatte, „die Schönheit lediglich Verheißung von Glück." Statt einer Garantie für Leistung und Erfolg.

5. **Der Mensch ist frei**
   Typischerweise folgen Menschenkenntnis-Lehren wie die Physiognomik folgendem Grundgedanken: Einerseits herrsche eine enge Verbindung zwischen Körper und Seele, zwischen innen und außen. Was in der Seele krumm sei, das zeige sich durch einen schiefen Körper. Andererseits gebe es aber eine Differenz von innen und außen. Das Innere wolle sich verbergen, könne sich sogar verstecken, lasse sich über entsprechendes Geheimwissen aber dennoch entziffern.

   Diese Annahme unterschlägt einen ganz zentralen Punkt: die Freiheit des Menschen. Jeder Mensch kann sich selbstverständlich seiner physiognomischen Festlegung widersetzen. Niemand ist das hoffnungslose Opfer seiner eigenen Nase oder eines anderen körperlichen Merkmals.

6. Millionen Menschen können durchaus irren

Überall dort, wo mit Halbwissen, mit esoterischen Weisheiten und pseudowissenschaftlichen Taschenspielertricks Umsätze erwirtschaftet werden, fehlen die stichhaltigen Argumente für das Produkt. Diese werden typischerweise ersetzt durch folgende Punkte:

- **Alter:** Es handele sich um eine Tradition, die auf Jahrhunderte, wenn nicht sogar auf Jahrtausende Geschichte zurückblicke. Gerne in den frühen Hochkulturen im Osten: China, Indien, Japan. Aber auch gerne im alten Griechenland oder in Ägypten.
- **Einsicht:** Der Speaker/Berater/Heilsbringer/Guru selbst habe viele Jahre lang hart gearbeitet, sei durch tiefe Krisen gegangen, habe pausenlos in Archiven (wahlweise: unter einem Baum) gesessen, bis ihm die entscheidende Erkenntnis/Erleuchtung gekommen sei.
- **Große Namen:** Sogar Konzern X und AG Y hätten die Dienstleistung schon in Anspruch genommen.
- **Große Zahl:** Tausende von Menschen seien schon begeistert, Millionen Leser können nicht irren.

  Leider doch.

Auch ich sage, dass ich viele Jahre lang an meiner Methode gearbeitet habe. Aber diese Methode ist nicht abgeschlossen und es handelt es sich dabei auch nicht um Geheimwissen. Ich versuche lediglich, vorhandene Methoden aus benachbarten Disziplinen in die Praxis der Personalauswahl zu übertragen und dort fruchtbar zu machen – allen voran die Habitus-Forschung in der Nachfolge des französischen Soziologen Pierre Bourdieu, die Konsumforschung z. B. von Wolfgang Ullrich oder Kai-Uwe Hellmann und die Praxis des „provokativen Stils“ in der Nachfolge des US-amerikanischen Psychologen Frank Farelly.

7. „Aber bei mir hat es doch funktioniert …!“

Verblüffte Gesichter nach jedem billigen Persönlichkeitstest: „Ja, genau so bin ich!“ Genauso überraschte Einsichten nach jeder Sitzung bei der Handleserin: „Wie konnte sie das wissen?“

Ganz einfach: durch Scheinbeweise. Der amerikanische Psychologe Bertram R. Forer hatte schon 1948 empirisch gezeigt, wie derartige Beweise funktionieren. Er ließ Studenten einen Pseudo-Persönlichkeitstest absolvieren. Anschließend gab er ihnen die Auswertungen und forderte sie zu einer Bewertung des Wahrheitsgehalts der eigenen Auswertung auf. Ergebnis: Durchschnittlich wurden auf einer Skala zwischen 0 (trifft gar nicht zu) und 5 (trifft sehr gut zu) 4,26 Punkte gegeben. Allerdings hatte jeder Student den gleichen Text bekommen. Und zwar einen, den Forer aus einem populären Horoskop zusammengestellt hatte (den kompletten Text finden Sie unter https://de.wikipedia.org/wiki/Barnum-Effekt).

Derartige Texte zeichnen sich durch allgemeine, überwiegend unklare Aussagen aus, die sich weder objektivieren noch widerlegen lassen. Oft widersprechen sich auch einzelne Aussagen oder sie heben sich nach dem Sowohl-als-auch-Muster gegenseitig auf. So findet sich jeder „ganz individuell" darin wieder.

Das heißt: Persönliche Erfolgsgefühle in bestimmten Test-Settings sagen über die Qualität einer Methode überhaupt nichts aus.

Irrweg 2: Lesen von Mimik

Parallel zur Physiognomik wurde immer auch die Mimik des Menschen unter die Lupe genommen. Dazu gibt es zahllose historische Beispiele – besonders erwähnt sei Charles Le Brun, der 1688 ein mimisches Musterbuch herausgab: das **Handwörterbuch der Seelenmahlerey**.

Heute führen die US-amerikanischen Psychologen Paul Ekman und Wallace Friesen diese Tradition weiter – ihre Methode nennt sich **Facial Action Coding System**, kurz: **FACS**. In ihrem System haben sie dokumentiert, welche Muskeln („Action Units") angespannt werden, um die grundlegenden Emotionen Ärger, Angst, Trauer, Freude, Ekel, Verachtung und Überraschung zu zeigen. Das Buch **Gefühle lesen: Wie Sie Emotionen erkennen und richtig interpretieren** (2010) zählte auf Amazon im Juli 2014 als Bestseller Nummer 1, amüsanterweise im Fach **Zoologie**.

Ebenfalls auf dieser Welle surfen Autoren wie Joe Navarro, der sich als schreibender Ex-FBI-Agent einen Namen gemacht und sich zu einem gefragten Vortragsredner entwickelt hat, übrigens mit ähnlicher Faszinationswirkung wie der Varieté-Künstler und Gedankenleser Thorsten Havener. Wieder möchte ich Ihnen zeigen, warum die vorliegenden Lesarten nicht funktionieren:

1. **Mimik ist nicht eindeutig**
   Grundsätzlich ist es tatsächlich so, dass zum Beispiel Lachen oder Trauer über alle Kulturen hinweg von Gesprächspartnern erkannt wird. Es ist aber nicht so, dass unser Gesicht einer eindeutigen Grammatik folgt, die sich zweifelsfrei lesen ließe. Ein Gesicht kann also zwar Informationen geben, es kann uns aber auch in die Irre führen.

   Das konnten jüngst US-amerikanische Forscher nachweisen. Die Studie der Psychologen um Hillel Aviezer von der Princeton University beweist erstens, dass die Mimik auf dem Höhepunkt einer starken Emotion überschätzt wird. Und zweitens, dass der Gesichtsausdruck keine Rückschlüsse darüber zulässt, ob ein starkes Gefühl positiv oder negativ, angenehm oder unangenehm ist. (Avizier 2012).

2. **Mimik ist nicht „reine Natur"**
   Gesichtsleser, die sich nur auf die Ergebnisse der Hirnforschung beziehen und meinen, unsere Mimik komme direkt und ungefiltert aus unserem Steinzeitgehirn, irren schlicht und ergreifend. Unsere Mimik ist sozial geprägt und überformt. „Die Geschichte des Gesichts erweist sich letztlich als eine Geschichte der Gesellschaft, die sich dem Gesicht aufzwingt und sich im Gesicht spiegelt", bringt es Hans Belting in seinem Werk **Faces** treffend auf den Punkt (Belting 2013, S. 42). Während unser Körper eher unsere Natur sei, stelle das Gesicht den gesellschaftlichen Teil von uns selbst dar (Belting 2013, S. 8). Aus diesem Grund sei es „eher eine **Bühne** als ein **Spiegel**." (Belting 2013, S. 37)

   Auch Belting gibt zu, dass sich ein Gesicht lesen lasse. Das Ergebnis der Lesart sage aber nichts über den Charakter eines Menschen aus. Was wir lesen können, ist lediglich die soziale Praxis als solche. „Sichtbar sind vor allem der Wille und der Zwang, ein Selbst darzustellen oder umgekehrt es zu verbergen." (ebd.)

3. **Der eigene Eindruck einer anderen Person ist nicht objektiv**
   Das, was wir an unserem Gegenüber sehen, kann nicht objektiv sein. Unsere Wahrnehmung ist immer geprägt, um nicht zu sagen getrübt durch Vorannahmen, die im Laufe unserer Biografie entstanden sind oder die uns vor einem Gespräch mitgeteilt wurden. Genauso prägt unsere aktuelle Befindlichkeit die Wahrnehmung unseres Gegenübers.

Dem Hirnforscher Kevin Pelphrey von der Yale University zufolge beobachten neurotische Menschen die Mimik ihres Gegenübers ganz anders als gelassenere Personen. Dabei galt: Je mehr Angst aus dem fotografierten Gesicht sprach, desto intensiver schauten die Neurotiker hin. Das heißt: Unsere Persönlichkeitsmerkmale beeinflussen das, was wir sehen und wie wir es sehen. Weitere Forschungen zeigen, dass verträgliche Menschen Gesichter eher als freundlich wahrnehmen, aggressive Menschen dagegen häufiger vermuten, ihr Gegenüber sei unfreundlich (vgl. Wüstenhagen 2012).

4. **Die Mimik meines Gegenübers spiegelt meine eigene Mimik**
   In einem harmonisch verlaufenden Gespräch kommt es regelmäßig zu dem Phänomen, dass ein Gesprächspartner die Mimik und Gestik des anderen spiegelt. Das können wir als Resonanz-Phänomen verstehen. Zumeist geschieht es unbewusst. Wer eine Schulung im Neuro-Linguistischen Programmieren (NLP) absolviert hat, kann diese Spiegelung aber auch manipulativ einsetzen. Da NLP heute an jeder Volkshochschule gelernt werden kann, hat es auch diese Technik zu einem hohen, küchenpsychologischen Bekanntheitsgrad gebracht. Wir können heute also davon ausgehen, dass eine gewisse Zahl der Bewerber diese Technik anwendet. Damit wird ein „Lesen" ihrer Mimik ad absurdum geführt.

Irrweg 3: Lesen von Körpersprache

Seit uns der Autor und Pantomime Samy Molcho in seinen zahlreichen Publikationen erklärt hat, wie Körpersprache funktioniert und was sich alles wortlos ausdrücken lässt, hat sich auch diese Disziplin zu einer Volksweisheit entwickelt.

Leider ist das Lesen von Habitus-Theorien nicht so verbreitet wie das Blättern in Molchos Bildbänden – daher fällt der soziale Aspekt der Körpersprache zumeist unter den Tisch. Dabei macht es einen gravierenden Unterschied, ob ich mir im Kindesalter meine Art zu gehen, zu sitzen, zu stehen und zu speisen von einem Bankier abgeschaut habe oder von einem Fließbandarbeiter. Wir verkörpern eben nicht nur unser Selbst, sondern auch unsere „Klasse" und unsere ganz persönliche Vergangenheit. Daher eignet sich das Lesen von Körpersprache nicht zum „Kandidaten lesen".

1. **Körpersprache ist immer sozial überformt**
   Wie die verbale Sprache ist auch die Körpersprache ein starkes Medium symbolischer Herrschaft. Sie zeigt Status und Macht an und baut diese in der Interaktion immer wieder neu auf. Wer versucht Körpersprache zu lesen, muss diese Faktoren mitdenken. So verhält sich zum Beispiel ein Kandidat typischerweise gegenüber einem Vertreter der Personalabteilung weniger „unterwürfig" als gegenüber dem Vorstandsvorsitzenden. Dies ist jeweils der konkreten Situation geschuldet und sagt über den Charakter des Bewerbers nichts aus – außer vielleicht, dass er intelligent genug ist, in unterschiedlichen Situationen unterschiedlich zu reagieren.

2. **Theorien der Körpersprache sind so populär, dass sie unsere Körpersprache verändert haben**
   Seit Samy Molcho und Heerscharen von NLP-Praktizierenden ihr Wissen populär gemacht haben, performen Kandidaten von sich aus eine Körpersprache, die sich – so ihre Hoffnung – günstig auf ihre Beurteilung auswirken könnte. Genau das aber verfälscht ein mögliches Körpersprache-Leseergebnis.

3. **Körpersprache drückt sich immer in der Interaktion aus – sie steht niemals nur für einen Gesprächspartner allein**
   Wenn wir uns in einer Interaktion wohl fühlen, neigen wir dazu, das nonverbale Verhalten unseres Gegenübers zu spiegeln. Wir gleichen sogar unseren Atemrhythmus, unsere Tonlage und unsere Bewegungen aneinander an. Das heißt: Wenn ein Bewerbungsgespräch harmonisch verläuft, spiegelt die Körpersprache eines Kandidaten diejenige seines Gesprächspartners, sagt also mehr über die Gesprächssituation aus als über den Kandidaten an sich.

4. **Wirkt der Kandidat gestresst, sagt dies nicht zwingend etwas über Täuschungsabsichten aus**
   Es gibt viele Gründe dafür, dass ein Kandidat Stress empfindet. Ein wichtiger Grund ist der Stress seines Gegenübers. Wirkt dieser misstrauisch, zweifelnd oder argwöhnisch, setzt dies beim Bewerber Stresshormone frei. Vielleicht löst auch das Setting des Gesprächs an sich schon Stress aus. Selbst Navarro gesteht diese Möglichkeit ein: „Ich habe grundanständige Menschen gesehen, die vor Gericht aussagen mussten und allein aus Nervosität solche nonverbalen Signale aussendeten. (…) Zeichen von Anspannung und Stress sollten also stets im Kontext betrachtet werden." (Navarro 2013, S. 233)

Was aber, wenn gewisse Inkonsistenzen der verbalen und nonverbalen Äußerungen tatsächlich auf Täuschungsversuche eines Kandidaten hinweisen? Das könnte ein Zeichen dafür sein, dass sich ein Kandidat sehr gut auf sein Vorstellungsgespräch vorbereitet hat. Eine ansprechende Selbstdarstellung ist schließlich kein Delikt, sondern unter dem Titel „Performance“ genau das Programm, das erwartet wird.

Das Versprechen, Kandidaten „lesen“ zu können, geben Vertreter vieler Disziplinen – vom IQ-Tester über die Vermesser der Emotionalen Intelligenz bis hin zu Graphologen, Persönlichkeitstestern, auch Astrologen bis zu den hier beschriebenen Lesern von Schädeln, Gesichtern und Körpern. Auch heute noch lassen sich Unternehmen immer wieder von Schädeldeutern beraten.

Mein Anliegen ist es, Sie mit diesem Buch so für das Thema „Kandidaten lesen“ zu sensibilisieren, dass Sie derartigen Lese-Angeboten kritisch begegnen und Taschenspielertricks durchschauen können. Setzen Sie auf Ihren gesunden Menschenverstand, auf Ihren klaren und nüchternen Blick auf mögliche Kandidaten und testen Sie gerne meine Methoden auch in Ihren Prozessen.

Sie profitieren mehrfach: Erstens fallen Sie so nicht mehr auf die typischen „Industrieschauspieler“ unter den Kandidaten herein, die sich zwar gut verkaufen können, aber sonst nicht viel zu bieten haben. Zweitens sehen Sie auf diese Weise auch die Kandidaten aus einer neuen Perspektive, die auf den ersten Blick nur in der zweiten Reihe standen, die aber mit ihrem Habitus und ihren Wertvorstellungen, mit ihrer Leistungsfähigkeit und Leistungsbereitschaft viel besser in Ihre Unternehmenskultur passen. Und zusätzlich die besseren, die engagierteren Kandidaten sind, die sich langfristig an Sie binden möchten und Ihnen so einen echten Mehrwert bringen.

Ich möchte an dieser Stelle gar nicht behaupten, es gäbe so etwas wie den echten, natürlichen, reinen, authentischen Menschen hinter seiner Performance. Man müsste nur die Maske abreißen, schon hätte man ihn wieder freigelegt, den armen Rollenspieler.

Das ist zu einfach gedacht. Wir alle spielen bestimmte Rollen in unseren Unternehmen, in unserem Berufsstand, in unseren Familien und in dem sozialen Milieu, in dem wir aufgewachsen sind. Dazu kommen Alter und Geschlecht: Wir mimen die Nachwuchskraft oder den alten Hasen, das Alpha-Tier oder die

Business-Woman. Das hat gar nichts mit mangelnder Authentizität zu tun. Im Gegenteil: Das ist Authentizität. Gerade die Auseinandersetzung mit diesen Rollenerwartungen hat uns zu dem gemacht, was wir heute sind.

Zwischen Authentizität und Rolle

Problematisch wird es, wenn Kandidaten versuchen, restlos in einer vorgeschriebenen Rolle aufzugehen. Dann werden sie steif und künstlich. Anstrengend! Umgekehrt: Wenn Kandidaten krampfhaft versuchen, aus der Rolle zu fallen, nur um authentisch zu wirken. Auch anstrengend!

Zu einer tatsächlichen Gefahr für ein Unternehmen werden Führungskräfte und Mitarbeiter, die derartig von ihrer eigenen Leistungsfähigkeit, von ihrem Charisma, von ihrer Botschaft und ihrer vermeintlich unantastbaren Großartigkeit überzeugt sind, dass sie den Kontakt zur Realität verlieren.

Das Ikarus-Syndrom

Ich bezeichne diesen psychischen Abgrund als **Ikarus-Syndrom** in Anlehnung an den Sohn eines Erfinders aus der griechischen Mythologie, der während eines gemeinsam mit seinem Vater unternommenen Fluchtversuchs mit selbst gebauten Flügeln so übermütig wurde und seine Kräfte so sehr überschätzte, dass er der Sonne zu nahe kam – woraufhin die Sonne das Wachs seiner Flügel schmolz, sich die angeklebten Federn lösten und er ins Meer stürzte.

So ähnlich geht es etlichen Managern im Laufe ihres Berufslebens: Von einem Mentor (oder einem Headhunter) mit Flügeln ausgestattet, heben sie ab, hören dann nicht mehr auf warnende Stimmen und wundern sich irgendwann über ihren Absturz – wobei sie in vielen Fällen ihre Neigung zu Selbstüberschätzung und ihren Realitätsverlust auch nach dem Absturz nicht mehr korrigieren können oder wollen. Sie sind und bleiben geblendet von ihrem Glauben an die eigene Genialität.

Georg Meck und Bettina Weiguny haben derartige Fälle in einem Beitrag für die Frankfurter Allgemeine Zeitung beschrieben (FAZ vom 15.6.2014). Beispiel Thomas Middelhoff:

„Der einstige Superstar, der ob der Pleite so ziemlich alles verloren hat – Ruf wie Vermögen –, bringt in der juristischen Nachlese in Gerichtssälen der Republik seine Auffassung von Wirklichkeit zur Aufführung: Ich habe Karstadt gerettet! Oder war zumindest kurz davor, wenn widrige Mächte mich nicht daran gehindert hätten; ignorante Banker, unfähige Nachfolger. Da er an dieser Legende seit fünf Jahren strickt, teils mit wortgleichen Sätzen, liegt der Verdacht nahe: Der Mann ist gefangen in seiner ganz eigenen Realität. Glaubt er womöglich wirklich, was er da redet? Wäre es anders, könnte dies ja nur bedeuten: Er steht jeden Morgen mit dem Vorsatz auf: Ich spiele der Welt vor, der Kaiser ist gar nicht nackt. Aber könnte das Schauspiel dann ähnlich überzeugend aufgeführt werden?"

„Charismatische Menschen können hochgefährlich sein", zitieren die Autoren den Frankfurter Psychotherapeuten Hansjörg Becker. Ihm zufolge sind diese Manager gefährlich, „weil sie nicht führen, sondern verführen. Weil sie überzeugt sind, immer recht zu haben, weil sie sich über Regeln und Gesetze hinwegsetzen, um ihre Utopien zu verfolgen." Dass es soweit kommt, liegt allerdings nicht allein an einer möglichen Charakterschwäche der betroffenen Kandidaten, sondern auch an einem Umfeld, das Ikarus-Syndrom-Betroffene in den Himmel lobt. Mit Bewunderung, Schmeicheleien, auch mit „Speichellecken", so Meck und Wieguny. Dazu kommen Manager, die sich durch den guten Kontakt zu einem Überflieger eigene Vorteile erhoffen, die selbst aufsteigen wollen, die sich ein bisschen im Glanz eines „Großen" sonnen wollen, „die ein Fitzelchen abhaben wollen vom Ruhm".

Auf der Höhe der Macht gibt es häufig nur noch wenige Menschen, die Kritik wagen. Auch die Medien umschmeicheln die Wirtschafts-Stars, um sie in die eigenen Talk-Shows zu zerren und für die eigene Quote zu nutzen. Wer zum Ikarus-Syndrom neigt und so hofiert wird, verliert irgendwann den Sinn für und die Fähigkeit der Selbstreflexion. Kommen dann doch einmal Widerworte, gleiten die ab wie auf einer Teflon-Pfanne. Oder werden mit scharfem Gegenfeuer beantwortet. „Widerworte, selbst sachlich vorgetragen, empfindet das Manager-Ass als persönliche Kränkung, negatives Feedback braucht er so dringend wie eine Sommergrippe", schreiben Meck und Wieguny und zitieren dazu Führungskräfte-Coach Jürgen Kugele:

„Irgendwann laufen die meisten Top-Manager Gefahr, sich völlig mit der Rolle zu identifizieren. (…) Das kann durchaus pathologische Züge annehmen. Fällt die Rolle eines Tages weg, gerät der Mensch dahinter in eine existentielle Krise."

Wir sind mehr als nur Rollenspieler

Fakt ist: Es gibt kein soziales Leben außerhalb unserer Rollen. Wir sind aber immer viel mehr als nur unsere Rollen. Genau das ist sogar ein Zeichen für psychische Gesundheit und für Professionalität, dass wir das Skript für unseren Job genau kennen – also wissen, wie wir uns halten, wie kleiden, wie kommunizieren sollten, um als Profi ernst genommen zu werden. **Kompetenzdarstellungskompetenz** allein reicht aber nicht aus. Ein wahrer Profi ist nur derjenige, der gleichzeitig einen so gesunden inneren Abstand zu diesem Kompetenzdarstellungstheater halten kann, dass er nicht nur in der Lage ist, seine Rolle zu spielen, sondern auch **mit** ihr spielen kann.

Wer sich zu ängstlich in vorgegebene Muster einzupassen versucht, dem fehlt dieser entscheidende Abstand, dem fehlt Souveränität. Authentizität. Schlimmstenfalls wirkt er in seiner Verkrampfung sogar wie ein Hochstapler, der sich selbst überstark kontrolliert, nur, um nicht entlarvt zu werden. Es versteht sich von selbst, dass ich derartige Kandidaten keinem Kunden vorstellen kann. Auch dann nicht, wenn ihre Fachkompetenzen vorbildlich sind.

Durch Provokation zur Authentizität

Performance und Authentizität lassen sich nicht trennen: Unsere Authentizität können wir nur verständlich machen, wenn wir uns an gängige Kommunikationsregeln halten. Und das Rollenspiel wirkt nur überzeugend, wenn es im Kern von unserer individuellen Originalität getragen, stellenweise sogar durchbrochen wird.

Genau mit diesen Durchbrüchen arbeite ich gezielt, um die Souveränität meiner Kandidaten auf den Prüfstand zu stellen. Mein Vorteil dabei: Weil ich hauptsächlich außerhalb der Mauern von Unternehmen im Einsatz bin, brauche ich mich an interne Gepflogenheiten selbst nicht zu halten. Ich selbst kann so extrem aus der Rolle fallen, wie ich es gerade für notwendig halte. Und ich kann durch gezielte Provokationen auch meinen Kandidaten so aus dem Konzept bringen, dass auch er aus der Rolle fällt.

Meine Methoden ähneln dem Repertoire des „provokativen Stils". Einer der wichtigsten Wegbereiter war der US-Amerikaner Frank Farrelly, der als Therapeut folgendes herausfand: Mit reiner Empathie konnte er seinen Klienten nicht helfen. Diese verstrickten sich sogar immer tiefer in ihren Symptomen. Irgendwann war er es leid. Und er probierte einen anderen Weg: „Bleiben Sie lieber so, wie Sie sind. Sie schaffen es sowieso nicht, sich zu verändern. Und wenn schon: So eine Veränderung hätte doch überhaupt keinen Sinn!" Der Effekt: Widerstand! Selbst Klienten, die sich in Selbstabwertung und Resignation verfangen haben, lassen so etwas nicht auf sich sitzen. Aus dieser Erfahrung entwickelte Farrelly seine Methode: die provokative Therapie. Sein Ziel (zit. nach Hellmich 2007, S. 30):

> *„Was ich tun will, ist die Panzerung der Leute aufbrechen, in ihr Herz eindringen und etwas Leben in sie hineinbringen."*

Ich habe nie an einem der Seminare teilgenommen, die Farrelly seit den 1980er Jahren und bis kurz vor seinem Tod im Jahr 2013 auch in Deutschland angeboten hat. Dass mein Stil so viele Parallelen zu seinem aufweist, ist eher Zufall. Dennoch greife ich auf die Forschungsergebnisse in seinem Umfeld zurück, weil sich damit auch mein Ansatz systematisieren lässt.

Nach einem kurzen Intro mit heiterem Small Talk – diese Phase ist wichtig, denn nur so kann sich der Kandidat entspannen und nur so lege ich eine stabile Kontrastfolie für meine späteren Provokationen –, nach einem kurzen Intro also reize ich mein Gegenüber bis aufs Blut.

Der Effekt meiner Provokationen: Der Kandidat lässt seine Selbstdarstellungs-Maske fallen. Zumindest trifft das auf die meisten meiner Kandidaten zu – ab und zu habe ich es tatsächlich auch mit Pokerface-Bewerbern zu tun, die sich überhaupt nicht in die Karten schauen lassen. Im Regelfall aber fallen Kandidaten, derartig unter Stress gesetzt, auf tiefer verankerte Muster zurück.

- Das kann sich auf **archaische Verhaltensweisen** beziehen, die sich dank der Alliteration besonders schön mit den englischen Begriffen **fight**, **flight**, **freeze** merken lassen. Geschieht so etwas in einem Bewerbungsgespräch mit mir, reagiert mein Gesprächspartner dann zum Beispiel unangemessen scharf („fight") oder er sagt gar nichts mehr („freeze") oder er verwandelt sich in einen Haufen Elend, der die auseinandergefallenen Einzelteile seiner Persönlichkeit mühsam aufsammeln muss, bevor er das Besprechungszimmer fluchtartig verlässt („flight"). Kandidaten, denen in der Kommunikation mit mir dergleichen passiert, bekommen den Job in der Regel nicht.
- Es kann sich aber auch auf **Verhaltensweisen beziehen, die aus früheren Phasen der Biografie** stammen. So fällt ein Kandidat zum Beispiel in den Dialekt

seiner Herkunftsfamilie zurück oder auf Verhaltensweisen, die er in seinem Herkunftsmilieu gelernt hat. Dieses Zurückfallen kann den Kandidaten selbst noch mehr irritieren (Minuspunkt) oder er erlebt dies aus einem inneren Abstand und kann sich darüber selbst amüsieren (Pluspunkt).

- Möglicherweise gewährt er auch einen Blick auf das, was man seit Ende der Postmoderne wieder als **Kern-Selbst** bezeichnen darf. Ich verstehe darunter ein **Set an Erzählungen über die eigene Person**, vor allem über Zusammenhänge innerhalb der eigenen Biografie, über eigene Wertvorstellungen und/oder die Wertvorstellungen des Herkunftsmilieus, über eigene Talente, Begabungen und Prioritäten. Einen weniger guten Eindruck hinterlassen in diesem Fall die Kandidaten, die sich innerhalb ihrer Identitätskonstruktionen in Widersprüche verwickeln oder Größenphantasien durchscheinen lassen („Ich wusste schon immer: Ich bin zu Höherem bestimmt.") Einen guten Eindruck dagegen machen auf mich Kandidaten, die im Gespräch mit mir ihre Identitätskonstruktionen reflektieren oder sogar weiter entwickeln können. Die eine gute innere Distanz zum professionellen Rollenspiel mitbringen. Die schlagfertig sind und schwierige Situationen schnell in den Griff bekommen. Die sich mit den ungeschriebenen Regeln des Dresscode und Habitus auskennen, damit aber entspannt und humorvoll umgehen können. Solche Kandidaten haben die Authentizität, die ich suche. Diese kommen in die nächste Runde.

Hier muss ich allerdings aufpassen: Authentizität ist im Moment nämlich so en vogue, dass sich so etwas wie eine inszenierte Echtheits-Performance entwickelt hat. Heute kann Ihnen jeder gute Selbstdarsteller authentische Geschichten aus seinem Leben erzählen – von Erfolgen und genau dosiert auch von Misserfolgen – die zwar echt wirken, die aber tatsächlich nur aus zusammengewürfelten Versatzstücken aus der Schublade „Storytelling" stammen. Es handelt sich hier um pseudo-authentische Rituale, die das „echte Ich" vordergründig vorspielen, es tatsächlich aber gründlich verstecken. Sie kennen ritualisierte Outings wenn nicht aus Vorstellungsgesprächen, dann sicherlich aus Vorstellungsrunden:

> „Ich bin die vierte von sieben Geschwistern", erzählt zum Beispiel eine Mitarbeiterin von einem Schweizer Telekommunikationskonzern in einem Seminar. „Ich hatte es schwer am Anfang. In der Schule war ich nicht gut und ich hatte Mühe, meine Unterlagen in Ordnung zu halten. Jahre habe ich gebraucht, um ein System für mich zu entwickeln, mit dem ich gut arbeiten

konnte. Das habe ich bis heute so perfektioniert, dass ich die Arbeit mit Systemen heute zu meinem Hauptberuf gemacht habe …"

„Bla, bla, bla!", möchte ich da laut aufschreien. Hier werden quasi-intime Fakten auf den Tisch gebracht, um einen dramatischen Hintergrund für die eigene Erfolgs-Story zu zeichnen. Mitleid sollen die Zuhörer empfinden (**„So viele Geschwister!"**) und dann Bewunderung (**„Am eigenen Schopfe hat sie sich da heraus gezogen!"**). Zugegeben: Die Geschichte ist wirklich gut. Sie hat auch bei mir funktioniert. Im Nachgang habe ich mich aber gefragt: Stimmte das überhaupt? Oder war es einfach nur gut gemachtes Selbstmarketing?

Tool 1: Aufbrechen der Kommunikation

Um zu erkennen, wie ein Kandidat hinter seinen gebügelten Kulissen aussieht, verwickele ich ihn in ausführlichen Small Talk – allerdings nicht über den ewig gleichen Autobahnstau auf der Anreise oder über verregnete Sommer. Das langweilt mich. Ich spreche über die Aussicht, die man von meinem Fenster aus sieht, komme von den Gipfeln auf das Thema Sport und von da aus zum Thema Familie.

Es steht in keinem Kompendium über Vorstellungsgespräche – doch es sind oft genau die beiden Themen, die darüber entscheiden, ob ein Kandidat passt oder nicht. Denn diese beiden Themen prägen die Unternehmenskultur ganz entscheidend:

Der Vorstand eines sehr erfolgreichen Mittelständlers hat es sich zur Gewohnheit gemacht, mit Kandidaten für hohe Manager-Positionen in erster Linie über Sport und Familie zu sprechen. Da sich viele Kandidaten, die ich diesem Unternehmen vorschlage, als „Läufer" definieren und hier oft erstaunliche Leistungen erbringen, ist dieser Teil der Unterhaltung kein Problem. Heikler ist, was dann kommt: „Ist Ihre Frau eine Hunde-Frau?" „Wie meinen Sie das?" „Besitzt Ihre Frau einen Hund?" „Nein." „Dann sorgen sie dafür, dass Ihre Frau einen erstklassigen Hund bekommt. Oder mehrere. Wenn Sie bei uns etwas werden möchten, verlangen wir von Ihnen 150 Prozent Commitment. Das können Sie nur bringen, wenn Ihre Frau ein Hobby hat, mit dem sie vollständig ausgelastet ist und außerdem nicht erwartet, dass Sie um 18 Uhr beim Elternabend in der Schule sind. Klären Sie das mit Ihrer Frau. Wenn Sie sich das nicht vorstellen können, brauchen wir nicht weiterzureden."

Die Wertvorstellungen dieses Vorstands entsprechen überhaupt nicht den gängigen Vorstellungen der **political correctness**. Sie sind aber durchaus immer noch sehr verbreitet. Es sind Wertvorstellungen, die hinter vorgehaltener Hand ausgesprochen werden. In den offiziellen Unternehmensleitlinien oder in den Richtlinien für strukturierte Vorstellungsgespräche finden Sie so etwas natürlich nicht. Meine Aufgabe ist es nicht, diese Vorstellungen zu bewerten. Ich muss in erster Linie verstehen, wie die Entscheider ticken und mit ihnen das Unternehmen. Ich muss das System verstehen. Auf der anderen Seite muss ich verstehen, was den Kandidaten treibt, was ihm wichtig ist, was ihn motiviert – und wer ihn motiviert. Dann tue ich das, was ich am besten kann: Systeme verbinden. Indem ich für einen wirksamen Resonanzboden sorge.

Test mit falschen Fährten

Manchmal irritiere ich Kandidaten, indem ich bewusst falsche Fährten auslege. „Das ist ja unfair!", sagen Sie? Nein, das ist es nicht unbedingt. Denn was mich stört, ist die ebenfalls „unfaire" professionelle Performance-Fassade der Kandidaten. Und ich tue alles, um diese Fassade abzureißen. Dazu gehört eben auch **Bullshit**. Denn ist es nicht interessant zu sehen, wer sofort hellhörig und skeptisch wird – und wer stattdessen arglos alles glaubt, was ich sage? Vor Kurzem habe ich in dieser Disziplin eine neue Kür ausprobiert:

> „Wissen Sie, eigentlich bin ich ein extrem schlechter Headhunter", erzählte ich meinem Kandidaten. „Ich kann mir nicht einmal ein eigenes Büro leisten. Ich habe das hier alles nur kurzfristig gemietet und geleast. Mal sehen, wie ich über den nächsten Monat komme." Mein Gegenüber wurde blass. Unruhig rutschte er in seinem schwarzen 5.000-Euro-Eames-Lounge-Chair hin und her. Sichtlich irritiert. „Ähm, warum sagen Sie so etwas?", stammelte er. „Ich wollte Sie mal mit der Wahrheit konfrontieren. Warum sollte ich Ihnen etwas vormachen?", bluffte ich. „Ich dachte, Sie haben eigentlich einen ganz guten Ruf?", raufte sich mein Gesprächspartner zusammen. In diesem Augenblick wusste ich, dass ich ihn meinem Kunden nicht vorzustellen brauchte. Er ließ sich irritieren, war weder schlagfertig noch parkettsicher. Schade – der Lebenslauf hatte ganz gut ausgesehen.

Spiel mit kleinen Giftpfeilen

Um das wahre Ego eines Kandidaten hervor zu kitzeln, konfrontiere ich mit Klartext. Dazu wechsele ich ohne Vorwarnung von höflichem Business-Smalltalk in undiplomatischen **Bad-Guy**-Polizei-Stil. Vor einiger Zeit zum Beispiel saß ich mit einem recht arroganten Mittfünfziger zusammen, der mit seinem aufgeblasenen Selbstbewusstsein so auf die Nerven ging, dass ich ihm einfach die Luft ablassen musste:

> „Sagen Sie mal, Sie pfeifen doch aus dem letzten Loch, oder? Sie haben doch im Moment überhaupt keine Perspektive!" „Was erlauben Sie sich!?" „Ich habe Ihren Lebenslauf gelesen und was Sie mir hier erzählen, das überzeugt mich auch nicht. Wenn ich die Fakten zusammenzähle, dann sehe ich eine schlecht laufende Firma und einen Mittfünfziger, der entweder demnächst mit dieser Firma untergeht oder schnell sehen muss, woanders Land zu gewinnen, was aber nicht funktionieren wird, weil er nichts vorzuweisen hat."

Nach dem Abschuss eines solchen Giftpfeils verschwindet der beschossene Kandidat entweder hinter seinem Schutzschild und schießt zurück („fight"), er friert ein („freeze") oder er flüchtet aus meinem Büro („flight"). Oder er lässt erleichtert seine mühsam hoch gehaltene Maske fallen, lehnt sich entspannt zurück und zeigt ein typisches „Erkennungsgrinsen". Das sagen will: „Mensch, Sie haben mich durchschaut. Dann können wir ja jetzt ehrlich miteinander sein ..."

Kreatives Missverstehen

Eine meiner bevorzugten Methoden ist das kreative Missverstehen von Gedanken oder Geschichten, die mir mein Gegenüber präsentiert. Dabei stelle ich mich entweder dumm oder ich arbeite wieder mit Unterstellungen. Oder ich unterstreiche, dass mein eigenes Denken von völlig anderen Vorannahmen und Klischees geprägt ist als das meines Gegenübers.

> Ein Kandidat beschwerte sich, dass in seiner Laufbahn immer wieder unfähige Mitarbeiter Projekte an die Wand gefahren haben und gleichzeitig der Druck von oben so stark gewesen sei, dass eine vernünftige Arbeit praktisch unmöglich wurde. Meine Antwort: „Habe ich das richtig verstanden: Sie füh-

> len sich am wohlsten, wenn Sie so richtig unter Druck stehen? Sie sind ein Sensation-Seaker? Oder warum haben Sie sich immer wieder solche Jobs ausgesucht?“ Ich hätte auch folgende Antwort wählen können: „Wann in Ihrer Laufbahn haben Sie eigentlich beschlossen, alle Ihre Mitarbeiter wie Kleinkinder zu behandeln und alles selbst zu machen?“

Wenn ich Missverständnisse provoziere, stoße ich meinen Kandidaten damit absichtlich mit der Nase auf seine eigenen, vorgefassten Perspektiven und Interpretationen. Damit gebe ich ihm die Chance, seinen eigenen Standpunkt als einen mehrerer möglicher Standpunkte zu verstehen und neu zu überdenken. In der Folge kann er seine Position präzisieren und damit gegen mein Missverständnis verteidigen. Oder er erkennt neue Perspektiven.

Steve de Shazer, der den Begriff des Kreativen Missverstehens mit geprägt hat, brachte es so auf den Punkt: „Worte sind wie Frachtlokomotiven, die Güterwagen voll mit allen ihren früheren Bedeutungen hinter sich herziehen“ (de Shazer 1990, S. 146). Durch Missverstehen kommt es quasi zu einer Kollision dieser Güterwagen. Der Adrenalinspiegel des Gesprächspartners steigt an. Martin Wehrle (Autor populärer Sachbücher wie „Ich arbeite in einem Irrenhaus“, und „Bin ich hier der Depp“, auch „König Arsch“, zugleich aber ernsthafter Coach) hat die Folgen in einem Beitrag über Coaching-Fragen einmal so beschrieben: „Derart aufgeheizt gibt dieser leicht spontane Antworten, die er sonst – zum Beispiel aus taktischen Überlegungen heraus – nie geben würde. Darüber hinaus lassen provokante Rückfragen die Gedanken des Gegenübers aus dem Gleis der Gewohnheit springen. Und das ist eine gute Voraussetzung dafür, die alte Sicht der Dinge einer Revision zu unterziehen und neue Standpunkte auszuprobieren.“ (Wehrle 2014, S. 15)

Den Advocatus Diaboli mimen

Gerne formuliere ich auch die negativen Gedanken, die ich selbst bei meinem Gesprächspartner vermute. Dazu zwei Beispiele:

> „Eigentlich wundern Sie sich doch selbst nicht darüber, dass Sie nicht den Erfolg haben, den Sie sich immer wünschten. So pfauenhaft und blasiert, wie Sie auftreten, ist das doch kein Wunder.“

Ich greife aber auch Vorbehalte gegen meine eigene Person auf:

> „Sie denken doch jetzt: So ein gelackter Headhunter weiß ja gar nicht, was ein Management-Job bedeutet. Er bringt ja nur die Leute zusammen und schreibt dann die Rechnung. Schön einfach ist das. Nicht zu vergleichen mit den Knochenjobs da draußen."

Nicht selten reagiert ein Kandidat offen verblüfft, wenn ich so etwas sage. Er fühlt sich ertappt. So habe ich die Chance, meinen Gesprächspartner hinter seiner Mauer hervorzulocken. So wird der Weg frei, um offen miteinander zu sprechen.

Wut kann motivieren

Mit Dampfdrucktöpfen soll man nicht spielen – mit Wut eigentlich auch nicht. Oft bietet es sich dennoch an, im Gegenüber einen gewissen Dampfdruck aufzubauen und zu schauen, wie das Gehirn darauf reagiert. Und wie stabil der Deckel sitzt. Der Druck lässt sich zum Beispiel sehr leicht durch Persiflage des vermuteten Weltbilds des Gegenübers erhöhen. Etwa so:

> „Ich empfehle Ihnen, auf keinen Fall Karriere zu machen. Gehen Sie besser auf Nummer sicher. Bleiben Sie lebenslänglich bei Ihrem jetzigen Arbeitgeber. Veränderung hat oft gar keinen Sinn. Alles bleibt im Grunde gleich, nur der Ausblick aus dem Bürofenster geht auf eine andere Wand."

Typische Reaktion: Mein Gesprächspartner ist irritiert, ein wenig beleidigt, dann wütend. Wenn er nicht sofort geht, wird er mir wahrscheinlich erklären, warum ein Wechsel gerade doch sinnvoll ist.

Wut kann Kreativität freisetzen und sogar die analytische Kompetenz erhöhen. Das zeigte ein Experiment der University of California in Santa Barbara. Die Forscher verärgerten 200 Studenten, indem sie diese zuerst einen Text über ihre Zukunftspläne schreiben und diesen Text dann durch Kommilitonen harsch kritisieren ließen. In einem Fragebogen gaben die Kritisierten den Grad ihres Ärgers an. Dann bekamen die Studenten zwei Texte, die sie selbst beurteilen sollten, wobei einer aus lediglich oberflächlichen Informationen bestand und der andere aus stringenten Argumentationsketten. Das Ergebnis: Je größer der Ärger der Studenten, desto klarer ihr Blick auf die Qualität der Texte.

Natürlich funktioniert dies nur bei einem überschaubaren Maß an Ärger – sonst schaltet unser Gehirn in den archaischen Modus um (Sie erinnern sich: **fight, flight, freeze**). Christoph Burger, Autor des Buchs „**Der Zornkönig**. Wie Sie Ihren Ärger positiv nutzen", ist jedenfalls überzeugt (Burger 2008, S. 34):

> *„Gerade wenn alles stimmt, kann man per Ärgernutzung weitere Reserven herauskitzeln. Denn letztlich geht es gerade nicht um Konfliktmanagement, sondern darum, kritische Energie als Wert und als Potenzial zu entdecken."*

Neben dem strategischen Einsatz von falschen Fährten, Giftpfeilen, Missverständnissen und Wut arbeite ich mit folgenden Methoden:

Kandidaten-Check mit Provokation

- Ich spreche über meine Reaktion auf den Kandidaten: „Ganz ehrlich? Sie langweilen mich zu Tode. Wie wollen Sie mit Ihrer verschnarchten Art überhaupt einen Top-Manager von sich begeistern?"
- Ich unterstelle abwegige Motivationen: „Und Sie haben es tatsächlich nur auf diesen Job abgesehen, weil Sie die Automarke wechseln wollen?"
- Ich lege den Finger in offene Wunden: „Sie wollen einen Vorstandsposten, weil Ihre Frau sich das wünscht?"
- Ich formuliere unsinnige Verallgemeinerungen nach dem Motto: „Das ist doch überall und immer das Gleiche: Es machen immer die Falschen Karriere. Immer nur die Blender."
- Ich produziere in meiner Gesprächsführung absichtlich Chaos, springe von einem Thema zum anderen, stelle mehrere Fragen auf einmal und setze den Kandidaten so unter Stress. Verliert er den Faden und steigt aus dem Gespräch aus, fehlt ihm offensichtlich Flexibilität im Denken, Improvisationstalent und Souveränität. Hart verhandeln kann so ein Kandidat voraussichtlich auch nicht (vgl. dazu auch Kinnaer 2013, S. 79)
- Ich provoziere ins Blaue hinein. „Wahrscheinlich wollen Sie doch viel lieber in Elternzeit gehen als jeden Tag 14 Stunden lang im Büro zu sitzen, oder?"

Martina Schmidt-Tanger (zit. nach Hellmich 2007, S. 33) hat für diese Methode eine schöne Formulierung gefunden:

„... als wenn wir mit einer Schrotflinte in einen Busch schießen und schauen, ob Hasen herausgehoppelt kommen."

Tool 2: Schonungslose Musterung

Wer wir sind und wer wir sein wollen, zeigen wir heute weniger mit Worten als vielmehr mit Marken-Sets, die wir mit großem Aufwand an Zeit und Geld sorgfältig zusammenstellen.

Es scheint uns ganz selbstverständlich, dass wir einen Vorstand von einem mittleren Manager und diesen wiederum von einem Azubi unterscheiden können. Schuhe, Hemd, Anzug und Uhr müssen aus unterschiedlichen Preisklassen stammen und von unterschiedlichen Herstellern kommen. Tun sie das nicht, haben wir ein Gefühl der Inkongruenz. Mehr noch: Wir bewerten Ausrutscher aus dem Marken-System moralisch. „Der Azubi trägt Armani – der meint wohl, er wäre etwas Besseres!?" Oder ziehen Rückschlüsse auf Erfolg oder Misserfolg: „Wenn der Geschäftsführer so billige Uhren trägt, dann läuft das Unternehmen sicher nicht gut."

Kai-Uwe Hellmann, Professor am Institut für Kulturwissenschaften an der Universität Leipzig, hat in seinem Buch **Soziologie der Marke** prägnant beschrieben, wie dieses System funktioniert und damit einen aktuellen Anschluss an Pierre Bourdieus Klassiker **Die feinen Unterschiede: Kritik der gesellschaftlichen Urteilskraft** (1979) geschaffen.

Als Headhunter habe ich es mir zur Angewohnheit und zum Hobby gemacht, die feinen Unterschiede in den Unternehmen zu beobachten. Heute kann ich sehr genau sagen, in welchem Unternehmen welcher Dresscode, welcher Habitus und welcher Sprachstil gelten.

Dabei ist mir aufgefallen, dass insbesondere in der Automobilindustrie die Herrenuhr als „Handtasche des Mannes" gewertet werden kann. Sie sagt oft mehr über ihren Träger, als es ihm selbst bewusst ist: Stil und Status, Prestige und Finanzkraft, konservative oder progressive Wertvorstellungen – allein an der Uhr lässt sich ablesen, wo der Träger des Modells im sozioökonomischen System steht, oder zumindest stehen möchte.

Provokation durch Sich-dumm-Stellen

Ich nutze – genau wie Sie auch – das System der Marken und der Symbole als Kommunikationsmittel. In zweifacher Hinsicht:

- Paul Watzlawick hat einmal gesagt: „Man kann nicht nicht kommunizieren." Das gilt für unsere verbale und unsere Körpersprache, aber es gilt genauso für die Kommunikation mit Statussymbolen wie Marken. Wir können uns nicht nicht darstellen. Es ist in unserer Welt nicht möglich, sich außerhalb des Markensystems zu bewegen. Also habe ich mich dazu entschieden, hier bewusst Zeichen zu setzen. Bei einem Mittelständler sind das selbstverständlich andere Zeichen als beim Vorstand eines Automobilkonzerns.

- Aus der Soziologie wissen wir, dass die Mischung aus Kennerschaft der Dress- und Benimmcodes und einer gesunden, inneren Distanz zu diesen Codes Zeichen von Professionalität und Souveränität ist. Wer dieses Wissen nicht mitbringt, hat in Konzernen keine Chance. Deshalb spreche ich – wieder anders als in üblichen Vorstellungsgesprächen – mit meinen Kandidaten auch über diese Themen.

Oft teste ich damit zugleich, wie Kandidaten mit aggressiven Provokationen umgehen. Zum Beispiel so:

> „Ich wusste gar nicht, dass Wanduhren jetzt en vogue sind!" „Bitte?" „Ihre Armbanduhr hat die Größe einer Wanduhr. Ist Ihnen bewusst, dass Sie sich das als Geschäftsführer nicht erlauben können?"

Es geht mir bei derartigen Provokationen nicht darum, dem Kandidaten eine neue Uhr zu verkaufen. Ich möchte wissen, ob er wortgewandt reagieren kann. Wenn ja, kann er derartige Ausrutscher in seiner neuen Position ausbügeln. Im besten Fall hat er auch ein Verständnis dafür, dass sein Outfit als Hinweis darauf gesehen wird, ob er zu den Marken des Unternehmens passt, zum Ort und zur Atmosphäre. Wenn er nicht schlagfertig ist und sich auch nicht mit Dresscode und Habitus auskennt, brauche ich ihn als Kandidaten nicht vorzuschlagen. Das klingt brutal – aber es ist so.

Provokation durch Unterstellungen

Auf dem Feld des Outfits arbeite ich mit den gleichen Methoden wie oben bereits beschrieben. So „lese" ich zum Beispiel aus der Art des Anzugs meines Gegenübers seinen Charakter ab und überzeichne meinen Befund dabei ganz bewusst:

> „Sie sind doch bestimmt ein ganz bequemer Typ, oder? Sie haben gar keinen obersten Hemdknopf, sie tragen Ihre Krawatte ziemlich locker, Ihr Anzug ist

> an den Schultern zu groß und am Bauch zu weit. So lässt es sich gut abhängen, oder?"

Natürlich ist das unverschämt. Ganz bewusst. Aber die Frage nach der „Gemütlichkeit" beziehungsweise „Steifheit" eines Anzugs zielt darauf ab, ob der Kandidat mit den Gepflogenheiten der Business-Kleidung vertraut ist.

Diese **muss** tatsächlich ein wenig steif sein. Und das hat historische Gründe. Schauen Sie sich historische Malereien von Adeligen oder Kaufleuten aus der Renaissance an, Sie werden immer das gleiche Muster erkennen: Die abgebildeten Herren und vereinzelt auch Damen (sehr schön steif: Queen Elisabeth I im 16. Jahrhundert) ließen sich zumeist mit so komplizierten Frisuren und so prachtvoller Kleidung abbilden, dass sie praktisch bewegungsunfähig oder sogar komplett körperlos erschienen. Im 19. Jahrhundert, also zur Zeit des Biedermeier, trug man als ehrenwerter Staatsmann, Bürger, Kaufmann oder Dichter einen so genannten „Vatermörder"-Kragen. Dieser erlaubte mehr Bewegungsfreiheit als die Halskrausen der Renaissance, war aber im Vergleich zu heute, wie es der Name schon sagt, mörderisch eng. Die heute üblichen Kragenformen galten im 19. Jahrhundert noch als viel zu leger. Dass Geschäftsleute heute in Jeans, T-Shirt oder Rollkragenpullover auftreten, muss damals undenkbar gewesen sein.

Krause, Korsett und Vatermörder tragen wir heute nicht mehr. Aber etwas von der Vorstellung darüber, was im Geschäftsleben angemessen ist und was nicht, pflegen wir heute noch.

Provokation durch ungebetene Ratschläge

Wenn Bewerber sich zu einem Termin bei einem Headhunter einfinden, rechnen sie zumeist nicht mit einer **Farb- und Stilberatung**. Entsprechend irritiert reagieren sie, wenn sie bei mir genau das bekommen, und zwar ungefragt. Zum Beispiel so:

> „Im Unternehmen trägt der Chef hellblaue Hemden. Jeder relevante Manager trägt Hellblau. Das müssen Sie also auch tun, wenn Sie dort etwas werden wollen. Sie aber tragen ein weißes Hemd. Können Sie sich vorstellen, auf Hellblau umzustellen?"

Die Reaktionen der Gesprächspartner sind hier wieder sehr unterschiedlich, befinden sich aber im gleichen Spektrum wie bei den oben genannten Provokationen, daher verzichte ich hier auf detaillierte Angaben. Viel wichtiger an dieser Stelle ist der Hintergrund meiner ungebetenen Ratschläge.

Der Dresscode in den oberen Etagen der **old economy** ist tatsächlich nicht sehr variabel. Anzüge in hellen Beigefarben, Hemden in Blassrosa, Karohosen und schwarze Hemden sind tabu. Anders sieht es aus in der Branche der Key-Note-Speaker (hier gehören schwarze Hemden zum guten Ton) oder in der Branche der designorientierten Elektronikprodukte (Dresscode: Rollkragen, Polohemd, T-Shirt).

In der Automobilindustrie trägt die Führungskraft Kontrast. Dunkler Anzug in kalten Farben plus helles Hemd. Der Grund: Kontraste wirken distanzierter und damit mächtiger als Ton-in-Ton-Kombinationen.

Als geradezu peinlich empfinden manche Kandidaten meine ungebetenen Ratschläge zum Thema Bekleidungsmarken. Gerade deshalb halte ich mich bei diesem Thema sehr gut gelaunt **nicht** zurück. Stattdessen lasse ich mich zu folgenden Äußerungen hinreißen:

> „Ihr Hemd ist zu teuer. Ihr zukünftiger Chef trägt Hemden für höchstens 40 Euro. Sie dürfen da auf keinen Fall etwas Hochwertigeres am Leibe tragen. Er wird Ihnen außerdem übrig gebliebene, belegte Brote aus Meetings mitgeben, wenn Sie zu einem Termin fahren, und erwarten, dass Sie mittags auf ein Essen im Restaurant verzichten. Können Sie sich ein Leben mit Stullen und 40-Euro-Hemd vorstellen?"

Tatsächlich ist es für Gedeih oder Verderb einer Karriere nicht unwesentlich, ob ein Kandidat gewillt ist, sich dem Stil eines Unternehmens ein Stück weit anzupassen. Dazu gehört nicht zuletzt die Bereitschaft, sich in die dort präferierte Markenwelt einzufügen – oder zumindest, nicht allzu eklatant davon abzuweichen.

Warum ist das so? Studien wie zum Beispiel „MarkenProfile" der Zeitschrift **Stern** zeigen, dass in den gesellschaftlichen Leitmilieus die Anzahl der Menschen, die Marken kennen, sympathisch finden und aktiv nutzen, viel höher ist als in anderen Milieus. Wie schon im Kapitel zum Thema „soziale Codes" dargelegt, definieren sich Menschen heute über die von ihnen genutzten Marken und so definieren sich auch soziale Milieus über gemeinsam genutzte Marken. Mehr noch: Sie erkennen sich daran und kommunizieren nonverbal mit Hilfe dieser Marken. Luxus-Hotels und gelegentlich auch Airlines machen sich dies zunutze, indem sie zum Beispiel das gesamte Personal mit **Armani**-Kleidung oder einer ähnlich positionierten Marke ausstatten.

Es war Bourdieu, der uns vor Augen geführt hat, wie sehr „das Vermögen des Geschmacks (…) für den Gewinn von symbolischen Profiten eingesetzt werden kann, ja noch mehr: dass die Gesellschaft in hohem Maße über Geschmacksurteile funktioniert, insofern Zusammenhalt und Differenzierung sozialer Klassen mit Hilfe geschmacklicher Zustimmung und Ablehnung zu Stande kommen." (Krais/Gebauer 2010, S. 10)

Die große Markentreue gilt meiner Erfahrung nach vor allem für die gesellschaftlichen Gruppen, die sich eine führende Stellung erarbeitet haben. Nicht aber für die Vertreter des Großbürgertums, die sich diese Stellung nicht selbst erarbeiten mussten, sondern diese gewissermaßen geerbt haben. Hier wiederum gelten andere Regeln: Man trägt rahmengenähte Schuhe aus Budapest, Hemden aus England oder vom Maßschneider, und dass der Anzug maßgeschneidert ist, das versteht sich von selbst. Die Armbanduhr ist ein Erbstück oder Teil einer limitierten Auflage aus einem der führenden Häuser für Präzisionsuhren in der Schweiz.

Der in Deutschland als scharfer Beobachter typischer „Manieren" und „Tugenden" bekannte äthiopische Prinz und Buchautor Asfa-Wossen Asserate bringt die Markenscheu der **Upper Class** sehr schön auf den Punkt. Er schreibt über den **Herrn** (im Sinne von Gentleman):

> *„Was er anzieht, steht seit Langem fest und ist modischen Einflüssen nicht unterworfen. Erkennbare Markenartikel kommen ohnehin nicht an seinen Leib. Monogramme und Wappen anderer Leute zu tragen, gehörte zur Livree der Lakaien. (…) Die Todesnot des Aufsteigers, entweder ‚underdressed' oder, noch schlimmer, ‚overdressed' zu sein, ist ihm unbekannt."*

Auf jeder Hierarchie-Ebene eines Unternehmens und sogar in jeder Abteilung gibt es eigene, ungeschriebene Regeln darüber, welche Marken zu tragen sind und um welche Marken man einen Bogen zu machen hat. So sind zum Beispiel die Schweizer Markenuhren mit der Krone auf dem Ziffernblatt bei einem deutschen Automobilhersteller der Premiumklasse ein „No-Go", bei einem anderen aber durchaus erwünscht.

Sogar die Länge der Betriebszugehörigkeit kann unterschiedliche Markensets notwendig machen. Nach der Regel: Ein Einsteiger sehe bitteschön so aus wie ein Anfänger, ein alter Hase mache seine Expertise bitte auch über sein Outfit deutlich. Relevante Führungskräfte wissen, zu welchem Herrenausstatter man geht, zu welchem Uhrmacher, zu welchem Schuhmacher und auch zu welchem Friseur.

Tool 3: Gezielte Irritation im Setting

Genauso, wie wir bestimmte Vorstellungen darüber teilen, wie eine Führungskraft gekleidet sein sollte, so haben wir auch bestimmte Vorannahmen über den Ort, an dem sie sich aufhält. Beispiel Konzern: Hier erwarten wir einen großen, hellen Raum mit Teppichboden und einem großen Schreibtisch, dahinter entweder ein super-ergonomisches Chef-Drehstuhl-Modell oder ein klassisches Design-Stück. An den Wänden erwarten wir moderne Kunst.

In meinem Büro bestätige ich genau diese Erwartungen: Ich habe zwei Design-Klassiker-Sessel, einen runden Konferenztisch mit hochwertigen Stühlen, einen ordentlich großen Schreibtisch mit moderner Telekommunikationstechnik und große Fensterscheiben mit einem Panorama dahinter, das sich sehen lassen kann. So weit, so gut, könnte dieser Raum in jedem gehobenen Büromöbel-Katalog erscheinen. Wären da nicht einige Störfaktoren, die ich absichtlich eingebaut habe.

Irritation durch den Schein des Unfertigen

An den Stühlen, die rund um meinen Konferenztisch stehen, habe ich die Preisschilder hängen lassen. Sie baumeln, ordentlich in Plastikhüllen eingeschweißt, zusammen mit dem Echtheitszertifikat unter jedem einzelnen Stuhl. Bis jetzt war jeder Kandidat, der sich zum Gespräch mit mir im Lounge-Sessel niederließ, von diesem Anblick irritiert. Die meisten sagen nichts. Manche runzeln die Stirn. Selten schmunzelt einer.

Nicht immer spreche ich meine Gesprächspartner darauf an, das wäre mir zu langweilig. Doch manchmal nutzte ich die Irritation als Aufhänger für das Gespräch. Ich behaupte dann zum Beispiel, die Stühle gehörten gar nicht mir. Oder ich sage: **„Wissen Sie, die muss ich wieder zurück geben, ich habe nicht genug**

Geld, um die Rechnung zu bezahlen." Oder: **„Ich habe das Echtheitszertifikat extra hängen lassen, damit man gleich sieht, dass es sich um Originale handelt."**

Wenn sich im Anschluss ein Gespräch über Möbeldesign entfaltet, erfahre ich wieder sehr viel über die Wertvorstellungen meines Kandidaten: Hält er Design für überteuerten Unsinn und fühlt er sich in unauffälliger Standard-Ware wohler? Dann passt er nicht zu einem designverliebten High-End-Automobilzulieferer, sondern zu einem kleinen, pragmatischen Entwickler auf der Schwäbischen Alb. Auch gut. Schwärmt er eine Spur zu sehr von Design-Büromöbeln, dann ist er vielleicht ein Parvenü, der zwar die Codes der Upper-Chef-Class zu lesen gelernt hat, dem aber die innere Distanz zu diesen Statussymbolen fehlt. Für höchste Positionen ist so ein Kandidat ebenfalls ungeeignet. Ich bin jedenfalls überzeugt: **Brüche regen zum Nachdenken an.**

Grüßende Gartenzwerge

Ich habe nicht nur Spaß daran, meine Gesprächspartner in und mit meinem Büro zu irritieren, ich provoziere einfach auch gerne. Und sei es mit Gartenzwergen. Der Künstler Otmar Hörl bietet seit vielen Jahren Gartenzwerge an, die, anders als wir die emsigen Gestalten aus deutschen Vorgärten kennen, zum Beispiel beten, den Stinkefinger zeigen oder den Hitlergruß (es wurde gerichtlich bestätigt, dass es sich dabei um Kunst handelt – daher darf Hörl diese Zwerge vertreiben).

Exemplare solcher grüßenden und den Finger zeigenden Zwerge habe ich auf meinen Sideboards so aufgebaut, dass meine Gesprächspartner Blickkontakt mit beiden Zwergen aufnehmen müssen. Die Reaktionen sind hier wieder sehr unterschiedlich. Manche Kandidaten sind so aufgeregt, dass sie die Zwerge gar nicht bemerken (was ich als Minuspunkt verzeichne – trotz Aufregung sollte ein Top-Kandidat in der Lage sein, aufmerksam zu bleiben). Andere bemerken die Zipfelmützenträger und fühlen sich von ihnen beleidigt (auch ein Minuspunkt – offenbar können diese Kandidaten mit moderner Kunst nichts anfangen und damit fehlt die intellektuelle Geschmeidigkeit, die man in Top-Etagen erwartet). Wieder andere lachen über die Zwerge. Sie fühlen sich nicht persönlich angegriffen (Pluspunkt), sie kennen möglicherweise den Künstler und seine Projekte (Pluspunkt) und nutzen den Anlass, dem Small Talk neuen Schwung zu geben (noch ein Pluspunkt).

Tool 4: Konfrontation und Coaching

In meinen Gesprächen muss ich nicht nur herausfinden, ob der Kandidat die angegebenen Erfahrungen und Kompetenzen tatsächlich besitzt oder ob er entsprechende Formulierungen lediglich im Vorfeld recherchiert und vorbereitet hat, ich muss auch prüfen, inwiefern sich die Selbstdarstellung eines Kandidaten im Internet und in den Bewerbungsunterlagen mit dem deckt, was ich im realen Gespräch mit ihm erlebe. Ich muss Anhaltspunkte dafür finden, wie zuverlässig und integer ein Kandidat ist, wie teamfähig, wie kritikfähig, wie innovativ, wie zielorientiert. Vor allem aber muss ich herausfinden, wie es um seine Selbstmotivation steht: Sind die Motivationen, von denen mir mein Gesprächspartner erzählt, seine authentischen Motivationen? Oder verdecken sie etwas anderes?

> „Ein Mittfünfziger mit exzellenten Empfehlungen besuchte mich, um über seine Karriere zu sprechen. „Ich möchte Vorstand werden", sagte er. Dabei wirkte er auf eine merkwürdige Weise verdruckst, was überhaupt nicht zu seinem Format passte! Ich wurde hellhörig und bohrte immer weiter. „Wollen Sie das wirklich?" „Warum wollen Sie das?" „Was versprechen Sie sich davon?" „Geht es hauptsächlich um den Titel auf der Visitenkarte?" Auf diese Frage reagierte mein Gesprächspartner richtig beleidigt. Er verstummte. Dann rappelte er sich auf: „Wissen Sie, Herr Eckelt, ich bin eigentlich sehr zufrieden mit meinem jetzigen Job. Es ist genau das, was ich immer machen wollte, und ich mache das richtig gut. Meine Frau ist es, die sich einen Vorstand an ihrer Seite wünscht." Aha! Daher wehte also der Wind. Und wir konnten endlich über das sprechen, was wirklich zählte. In diesem Moment entstand ein tiefes Vertrauen. Wir blieben in engem Kontakt. Heute ist der Kandidat Geschäftsführer (nicht Vorstand) eines anderen Unternehmens. Und er hat eine neue Partnerin gefunden.

Manche Kandidaten tragen statt der Motivationen ihrer Ehepartner auch den Ehrgeiz der eigenen Eltern oder Großeltern vor sich her. Ohne es jemals zu merken.

Andere wollen „irgendwie erfolgreicher" werden, ohne zu wissen, warum. Hinter dem Wunsch nach mehr Erfolg versteckt sich vielleicht ein zu kleines Selbstbewusstsein. Panik vor dem Scheitern. Eine Sucht nach Anerkennung durch Autoritäten. Neid. Verarmungsangst. Die Phantasie eines sozialen Aufstiegs. Verzweifeltes Streben nach Statussymbolen. Einsamkeit. Emotionale oder soziale Isolation. Verlorenheit. Alles gar nicht so selten in den oberen Führungsetagen, obwohl natürlich niemand offen darüber spricht.

Wieder andere haben im Laufe ihrer Karriere die Fähigkeit der nüchternen Selbsteinschätzung verloren – was übrigens eine Nebenwirkung davon sein kann, wenn Kandidaten simpel gestrickte Erfolgs-Ratgeberbücher oder Ansprachen von Motivationstrainern für bare Münze nehmen. Sprüche wie „Ich schaffe das schon, wenn ich nur fest genug daran glaube", wahlweise „wenn ich wirklich will" oder „wenn ich nur hart genug arbeite" klingen zwar gut, blenden aber die Grenzen der eigenen Fähigkeiten und die realen Herausforderungen der Arbeitswelt konsequent aus. Im Rekrutierungsprozess gilt es, die Kandidaten „auszusortieren", die derartigen Verblendungen aufsitzen. Das ist aufwändig, aber es lohnt sich: Untersuchungen zufolge erzielen die Unternehmen eine höhere Marktkapitalisierung, die einen hohen Aufwand bei der Rekrutierung betreiben (vgl. Walter 2014, S. 125).

Die erfolgreichsten meiner Kandidaten lassen sich von leeren Erfolgsversprechen („Es gibt keine Grenzen") nicht in den Misserfolg treiben. Sie wissen exakt, was sie können, was sie wollen, was sie wert sind.

Trotzdem gibt es auch immer wieder Fälle, in denen Panik die Bewerber zum Erfolg treibt. „Mehr Erfolg" bringt einem solchen Kandidaten gar nichts. Denn der Erfolg stabilisiert ihn nur scheinbar. Die Panik bleibt, ganz egal, wie groß der Erfolg wird. Nicht der nächste Karriereschritt ist hier angesagt, sondern ein intensives Coaching. Klaus Eidenschink, der selbst als Coach arbeitet, hat diesen Zusammenhang so formuliert (Eidenschink 2013, S. 7):

> *„Je effizienter, lösungsorientierter, je zielstrebiger, je geschickter der Coach Tools und Techniken im Hinblick auf den Stabilisierungsfokus einsetzt, desto zufriedener ist der Coachee und desto schädlicher war das Coaching letztendlich für ihn. (…) Der Coach muss am richtigen Fokus arbeiten und nicht am falschen Fokus richtig coachen."*

Es gilt also, vor dem nächsten Karriereschritt die innere Logik des Kandidaten zu verstehen, die „Plausibilität des Verhaltens", wie es Eidenschink nennt. Nur dann lässt sich das Verhalten so verändern, dass zum Beispiel das Bedürfnis nach Anerkennung nicht mehr nur mit Panik erlebt werden kann. Und umgekehrt: Dass in panikfreien Zeiten das Thema Erfolg nicht unter den Tisch fällt. Und dass der Kandidat auch bei verändertem Verhalten noch authentisch und entspannt wirkt.

Bleibe ich im Coaching nur bei Äußerlichkeiten (Uhr, Anzug etc.) oder trainiere nur neue Verhaltensweisen, fällt mein Coachee unter Stress relativ sicher auf alte Verhaltensweisen zurück oder stellt sich selbst versehentlich ein Bein. Ich muss also auf einer tieferen Ebene ansetzen und genau verstehen, welcher Habitus meinem Kandidaten geläufig ist, was er eigentlich sucht, was er mit aller Kraft vermeiden will und wie alles miteinander zusammenhängt. Dass dies alles mit einer sehr großen Verantwortung zusammenhängt, bringt der Frankfurter Headhunter Werner Schmidt auf den Punkt (Schmidt 2014, S. 33):

> *„Der Headhunter muss für die Kandidaten immer auch Coach und Mentor in einer Phase der Veränderungsbereitschaft sein. Ganze Arbeit bedeutet hier vor allem Überzeugungsarbeit. (...) Viele würden keineswegs von sich aus eine neue Position suchen. Und einen Fehltritt können sich beide Seiten in der Regel nicht erlauben."*

Im nächsten Schritt gilt es dann, den Kandidaten mit den Gepflogenheiten zu konfrontieren, die auf dem Parkett des zukünftigen Arbeitgebers als normal gelten.

- Kann es sich der Kandidat vorstellen, von früh bis spät mit schwäbelnden Mitarbeitern zu kommunizieren? Oder in einer höchst elaborierten Konzernsprache zu parlieren? Ist er bereit, eine ungewöhnliche Distanz (wahlweise: Nähe) zwischen Kollegen und Führungsspitze zu akzeptieren?
- Auch wenn insbesondere sehr technikorientierte Kandidaten diesen Aspekt für nebensächlich halten – es ist das Outfit des Kandidaten, das wesentlich für das Gefühl der Passung sorgt. Ich frage die Kandidaten also zum Beispiel, ob sie sich vorstellen können auf eine Business-Tasche für 1.500 Euro (wahlweise: 80 Euro) umzusteigen. Ähnliches gilt für Anzug, Hemd, Krawatte, Schuhwerk, Uhr, Smartphone.
- Ich bereite den Kandidaten auch auf den Ort des Geschehens vor. Ganz einfach deshalb, damit er sich beim Erstkontakt mit einem großen, designorientierten Konzern nicht von der **Corporate Architecture** überwältig fühlt. Oder beim Erstkontakt mit einem kleinen, architektonisch weniger designorientierten Zulieferer im Hinterland keine Enttäuschung zeigt.

Dazu ein Beispiel aus meiner Praxis:

> Ein Zulieferer der Automobilindustrie suchte einen Firmenjuristen. Es handelte sich um eine sehr erfolgreiche, mittelständische Gesellschaft mit exzellenten Zukunftsperspektiven, mit einer motivierten Mannschaft und einem guten Betriebsklima. Die Aufgabe bestand darin, geeignete Kandidaten im Umfeld von großen, internationalen Kanzleien und Wirtschaftsprüfungs-Gesellschaften zu identifizieren. Was auch gelang. Allerdings lag nun das Headquarter des Mittelständlers in einem 1970er-Jahre-Flachbau in grauenvollem Industriedesign. Die Eingangshalle und die Büros waren, gelinde gesagt, wenig einladend und ganz und gar nicht repräsentativ. Um die Kandidaten nicht durch diesen Realitätsschock in Sachen „Schöner Arbeiten" zu verprellen, habe ich ihnen das besondere Ambiente des Auftraggebers im Vorfeld schonungslos beschrieben. In der Vor-Ort-Präsentation konnte man dem einen oder anderen Kandidaten zwar noch das Erstaunen anmerken – es hat aber keinen der geeigneten Kandidaten davon abgehalten, sich für die Position zu begeistern. Am Ende konnte die Stelle mit einem Juristen aus einer Wirtschaftsprüfungsgesellschaft besetzt werden, der bis heute mit der Entscheidung für diesen Job zufrieden ist.

Haltung bewahren

Ich bin kein Therapeut, der zufällig mit provokativen Methoden arbeitet. Ich bin auch kein knallharter **Bad-Guy**-Personaler mit Hang zu sadistischen Initiationsriten. Ich bin auch nicht hauptsächlich Coach, obwohl ich bei Bedarf **auch** als Coach tätig werde.

Ich bin Headhunter. Nur das interessiert mich, nur das treibt mich an. Mein Ziel ist es, auf allen Seiten Vertrauen zu schaffen, das suchende Unternehmen und den mir gegenübersitzenden Kandidaten so genau wie möglich zu verstehen und alles dafür zu tun, dass eine perfekte Passung entsteht. Und zwar nicht nur oberflächlich – als „Eindruck" einer Passgenauigkeit. Ich sorge dafür, dass nur Kandidaten präsentiert werden, die über das vordergründige Jobprofil hinaus tatsächlich zu möglichst hundert Prozent in die Kultur und zum **mindset** des Unternehmens passen und sich damit identifizieren können. Nur so kann ich meinen Auftrag erfüllen.

Zugegeben: Ich rede schonungslos Klartext. Ich konfrontiere meine Kandidaten gnadenlos mit allen Punkten, die ich im Sinne der Passung mit dem zukünftigen Arbeitgeber für problematisch halte. Zuweilen bin ich sogar brutal in meiner Gesprächsführung. Gleichzeitig verlasse ich aber nie meine Grundhaltung, die ich bei aller rhetorischer Härte gegenüber allen Kandidaten und gegenüber den Kunden immer bewahre: Ich erkenne die Würde meines Gegenübers immer an. Ich spiele zwar die Rolle des **Bad Guy**, tatsächlich aber bemühe ich mich um Fairness und um Aufrichtigkeit. Die Kurve zurück zu Empathie und Freundlichkeit gelingt mir oft über den Humor – auch, wenn er schwarz ist. Ich lache mit meinem Kandidaten. Und niemals über ihn. Denn auch in meiner Profession gilt das Zitat des Star-Hoteliers Carsten K. Rath:

„Professionalität ohne Herzblut ist Arroganz."

Risiken und Nebenwirkungen

Zugegeben: Nicht jeder meiner Gesprächspartner kann mit meinem Stil umgehen. Die meisten aber können es, denn in der Regel habe ich es mit überaus selbstbewussten, intelligenten und schlagfertigen Alphatieren zu tun. Selten aber tauchen negative Emotionen aus tiefen Schichten der Persönlichkeit auf, und mein Kandidat bleibt auf dem **fight/freeze/flight**-Reaktionslevel hängen. Oder er hat zwar verstanden, dass ich lediglich mit einer besonderen Methode arbeite, projiziert aber seine negativen Emotionen trotzdem auf mich. Zum Beispiel, indem er mir unterstellt, ich würde ihn gezielt bekämpfen wollen. Was natürlich Unsinn ist. Ruth Hellmich jedenfalls warnt in ihrem Beitrag zum Thema provokatives Coaching in der Zeitschrift managerSeminare (zit. nach Hellmich 2007, S. 34):

> *„Muss sich der Coachee nach einer solchen Intervention als Person neu sortieren, bedarf es auch eines besonderen Fingerspitzengefühls und professioneller psychologischer Unterstützung seitens des Coachs."*

Bisher ist mir der Wechsel zur Rolle des Coachs immer gelungen. Trotz der harten Konfrontation mit den Realitäten des Unternehmens konnte ich viel versprechende Kandidaten in sehr vielen Fällen von einem Wechsel überzeugen und sie zu diesem Schritt ermutigen. In der Regel gelingt das „sich als Person neu sortieren" den erfahrenen, den reflektierten und differenziert denkenden Bewerbern sogar relativ leicht.

Neue Wege aufzeigen

Genau wie mit 16 Jahren agiere ich heute noch nach dem Prinzip: „Ich habe nichts zu verlieren.“ Daher fällt es mir nicht schwer, mit meinen Irritationen und Provokationen selbst aus dem Habitus auszusteigen, der von einem Headhunter erwartet wird. Ich zeige mich selbst völlig unverstellt, wenn es die Situation erfordert. Ich zeige mich als der Eckelt, der ich bin. Und ich agiere schonungslos.

Das heißt: Wenn ich einen Giftpfeil abschieße, lasse ich den Pfeil stecken. Ich liefere keine Erklärung.

Damit löse ich bei meinem Gegenüber eine Dekonstruktion aus: Die gewohnten Gedankenwege entgleisen, ich schaffe Distanz zwischen mir und meinem Gesprächspartner und sogar Distanz zwischen dem Gesprächspartner und seinen eigenen Ängsten, Wünschen, Hoffnungen und Zielen. Es rutscht ihm die Maske vom Gesicht. Die Fassade bröckelt. Und oft ist das, was dann sichtbar wird, viel interessanter, als von mir zunächst gedacht. Der Kandidat wiederum erlebt dies oftmals als Befreiungsschlag.

Im nächsten Schritt konstruiere ich gemeinsam mit dem Kandidaten neue, mögliche Karrierewege. Ich ermutige zu einem klaren, schonungslosen Blick auf die Chancen, die sich in den Unternehmen nutzen lassen. Aber auch auf die Zumutungen, die damit einhergehen. Ich spreche über Möglichkeiten, die eigene Selbstdarstellung, Kommunikation und Führungskompetenz weiterzuentwickeln. Aber auch über die Grenzen, die sich dabei auftun können.

Mit dieser Klarheit und Offenheit gelingt es mir, den Kandidaten sukzessiv bei seinem nächsten Karriereschritt zu begleiten. Und darüber hinaus.

Fünftes Fazit

▶ **Gezielte Irritation, Provokation und Konfrontation möglicher Kandidaten lassen das typische Bewerbungstheater-Laienspiel entgleisen.**

- Mit Provokationen versuche ich, die Selbstdarstellung der Kandidaten zu stören und so hinter die Maske der rollenverliebten Industrieschauspieler zu blicken.
- Dazu kommt eine Musterung des Auftretens hinsichtlich der Körperhaltung, des Outfits, auch der Sportlichkeit. Ich kommuniziere meinen Eindruck scho-

nungslos, aber nicht humorlos, und konfrontiere den Kandidaten mit den ästhetischen Vorstelllungen meines Auftraggebers – sofern sie stark von denen des Kandidaten abweichen.

- Im Beratungs-Setting irritiere ich meine Kandidaten mit gezielten Stilbrüchen. Diese erzeuge ich durch unpassende Details in meiner Einrichtung, aber auch durch Kunstwerke. Die Reaktion der Kandidaten interessiert mich, weil sie viel über deren Offenheit und Wertvorstellungen verrät.
- Gespräche mit Kandidaten verlaufen bei mir niemals als reine Vorstellungsgespräche. Weil ich eine andere Rolle spiele als interne Personalverantwortliche, geht es immer auch – wenn der Kandidat dem zustimmt – um ein Coaching hin zur neuen Position.
- Erfolgreiche Kandidaten verlieren gelegentlich die Balance zwischen Rollenspiel und Authentizität. Identifizieren sie sich distanzlos mit ihrer Rolle, neigen sie zu Höhenflügen und leider auch zu jähen Abstürzen. Dieses Phänomen nenne ich Ikarus-Syndrom. Meine Gespräche führe ich nicht zuletzt mit dem Ziel, absturzgefährdete Kandidaten frühzeitig zu identifizieren.

Für Personalverantwortliche heißt das: Es könnte sich lohnen, Bewerbungsgespräche einmal völlig anders zu führen. Statt sich brav und stur an die Regeln eines strukturierten Interviews zu halten, ist es durchaus zielführend, in Bewerbungsgesprächen zu provozieren, zu irritieren, Missverständnisse und Unterstellungen zu produzieren. Das kommunikative Chaos kann einen Bewerber sehr heilsam aus dem Gleis werfen. Im Idealfall wird so ein klarerer Blick auf dessen Können und Wollen möglich, außerdem auf dessen Wertvorstellungen. Durch das plötzliche Aufbrechen von Rollenmasken kann außerdem Offenheit entstehen, und daraus resultierend ein hohes Maß an Vertrauen.

VI Überblick und Ausblick

Fernsehformate wie „Deutschland sucht den Superstar“ haben unser Land drastischer beeinflusst, als wir das wahrhaben wollen. Ich bin überzeugt, dass Vorstellungsgespräche sich nicht zuletzt durch diesen Einfluss in den vergangenen Jahren radikal verändert haben.

Personalverantwortliche erwarten, dass sich Kandidaten in wenigen Sekunden als Superstar präsentieren. Nicht selten sitzen sie selbst in Vorstellungsgesprächen genauso kalt und gelangweilt herum wie Dieter Bohlen bei „DSDS“. Umgekehrt gilt das gleiche: Etliche Kandidaten vermuten in sich selbst großes Star-Potenzial, verheddern sich aber schon nach wenigen Sekunden in ihrer eigenen Show und gehen geknickt von der Bühne. Andere haben sich in perfekte Industrie-Schauspieler verwandelt, die eine hervorragende Vorstellungsgesprächs-Performance abliefern, die eingestellt werden und sich dann als Nichtskönner erweisen. Als reine Blender. Dass das nicht gut gehen kann, versteht sich von selbst. **Recruiting ist kein Casting.**

Es gibt bessere, es gibt erfolgreichere Methoden. An dieser Stelle möchte ich Ihnen noch einmal einen Überblick darüber geben, mit welchen Schritten ich akutell die richtigen Kandidaten finde. Es ist eine Momentaufnahme. Experten zufolge werden wir in Zukunft noch viel stärker mit Bluffern, Schaumschlägern, Industrieschauspielern und Absturzgefährdeten Marke Ikarus konfrontiert sein und unsere Methoden im Umgang mit Bewerbern entsprechend weiter entwickeln müssen.

In 10 Schritten zum richtigen Kandidaten

Als Executive Search Consultant arbeite ich mit anderen Methoden, mit anderen Fragetechniken und außerhalb des Settings der internen Personalverantwortlichen. Das gibt mir mehr Freiheit – und mehr Chancen, eine exakte Passung zwischen exzellenten Kandidaten und exzellenten Unternehmen herzustellen.

Ich folge dabei keinem einheitlichen Ablauf. Jeder Auftrag ist anders. Um die Extrempunkte zu skizzieren: Bei einem Event spricht mich ein Vorstand an, ob ich nicht zufällig jemanden für den demnächst frei werdenden Posten des CFO empfehlen könnte. Wir kommen sofort ins Gespräch, noch während der Veranstaltung lege ich meine Suchstrategie fest und notiere die ersten Namen, die mir passend erscheinen. In den kommenden Tagen unterzeichnen mein Klient und ich den schriftlich fixierten Auftrag, eine Woche später präsentiere ich die ersten Kandidaten und nach ein bis zwei weiteren Wochen ist der Auftrag abgeschlossen. Das ist die schnelle Variante. Natürlich gelingt nicht jeder Suchauftrag so schnell und effektiv. Es gibt auch harte Nüsse, bei denen es Monate dauert, bis sie geknackt sind. Um Ihnen noch einmal den kompletten Überblick zu geben, hier der Ablauf einer typischen Kandidatensuche in zehn Schritten:

1. Anfrage

Ich bekomme eine Anfrage per Mail oder per Telefon. Gehe ich auf die Anfrage ein, so bekomme ich ein bis zwei Wochen später einen Termin mit dem Auftraggeber. Meistens findet dieser Termin im Hause des Kunden statt. Manchmal aber auch in meinem Büro. Oder, ganz geheimnisvoll, an einem **Nicht-Ort** – so nennt der französische Anthropologe Marc Augé moderne, anonyme Funktionsorte wie Flughäfen oder Malls.

2. Gespräch mit dem Auftraggeber

In diesem persönlichen Gespräch verschaffe ich mir einen umfassenden Eindruck des Unternehmens. Zum einen über den Weg der sicht- und spürbaren Ästhetik:

- Wie stellt sich das Unternehmen dem Besucher konkret dar – und wie passen Architektur und Interior Design zur Webseite und zum Corporate Design?
- Wie präsentiert sich das Unternehmen gegenüber Besuchern?
- Welche Kultur pflegt das Unternehmen insgesamt? Und welche in dem Bereich, für den der Kandidat gesucht wird?
- Welche Werte lassen sich erkennen?
- Welche Atmosphäre herrscht im Betrieb?
- Welchen Habitus pflegen Führungskräfte und Mitarbeiter? Wie sehen sie aus? Welche Performance-Regeln lassen sich auf dem Parkett des Unternehmens erkennen?
- Auf welchem Sprachniveau läuft die Kommunikation?
- Wer schmückt sich mit welchen Statussymbolen?

Da Empathie und Bauchgefühl zwar wichtige Werkzeuge bei der Personalauswahl sind, ohne das Korrektiv durch den Verstand aber blind bleiben, kommt im nächsten Schritt die Ratio ins Spiel und es geht um folgende Fragen:

- Wie sieht die wirtschaftliche Lage des Unternehmens aus?
- Wie steht es aktuell im Wettbewerb und wie sehen die Zukunftsperspektiven aus?
- Wie heißen die wichtigsten Mitbewerber und Kunden?
- Wie wurden die Arbeitgebermarke und die Produktmarken positioniert?

Außerdem muss ich so viel wie möglich über die zu besetzende Position erfahren und frage deshalb – oft auch über Umwege:

- Welche Aufgaben soll der neue Mann oder die neue Frau bewältigen?
- Welche Ziele sind zu erreichen?
- Welche Erfahrungen und Kenntnisse, welche Kompetenzen und Qualifikationen wünscht sich das Unternehmen?
- Wie soll der Kandidat „ticken" und wie stellt sich das Unternehmen dessen privates Umfeld vor?
- Welche Führungskräfte gelten im Unternehmen aus welchen Gründen als vorbildlich?
- Wie ist die Stelle dotiert?
- Warum ist die Position vakant? Welche Vorgeschichten gibt es zu der zu besetzenden Position?
- Wie sehen die offiziellen und inoffiziellen Machtstrukturen rund um diese Position aus?
- Wer ist wem gegenüber loyal und wer sägt an wessen Stuhl?
- Mit welchen Spielarten von Abhängigkeiten, Neurotizismus, Narzissmus, Psychopathologien oder Machiavellismus ist auf welcher Hierarchieebene zu rechnen und wie ist damit umzugehen?

Aus diesen Informationen kann ich ableiten, welche Art von Persönlichkeit in das Unternehmen passen könnte, ob der passende Kandidat eher bodenständig oder avantgardistisch sein sollte, eher wertkonservativ oder liberal, eher ländlich oder urban, eher schwäbisch oder mediterran, eher regional orientiert oder global unterwegs, eher Marathonläufer oder Fußballfan – kurz: welcher Habitus erwartet wird. Und ob eher ein umtriebiger Hippster Mitte Zwanzig oder ein gestandener Senior-Expert Anfang Sechzig das Unternehmen weiter bringt.

Ich habe es mir zur Angewohnheit gemacht, bei diesen Gesprächen sehr tief nachzubohren, weil ich auf drei Seiten Klarheit schaffen muss:

- **Mit dem Auftraggeber** gilt es zu klären, ob er sein eigenes Unternehmen und das gewünschte Anforderungsprofil selbst richtig einschätzt. Nicht selten kommt es vor, dass das Suchprofil im Laufe des Beratungsgesprächs angepasst werden muss, weil das Unternehmen mit einem realitätsfernen Selbstbild gearbeitet hat, weil bestimmte Kompetenzen oder Spezialkenntnisse vergessen wurden, weil vorschnell ein Klon eines anderen erfolgreichen Players oder ein branchenübliches Stereotyp auf die Liste gesetzt wurde oder weil der Auftraggeber mit dem Vorgänger so unzufrieden war, dass er zunächst nur dessen Gegenmodell entworfen hat, ohne an die notwendigen Anforderungen zu denken.
- **Ich selbst** muss prüfen, ob meine eigene Vorstellung von den im Gespräch verwendeten Adjektiven (leistungsorientiert, dynamisch, kontaktstark, vertriebsorientiert etc.) mit den Vorstellungen des Kunden übereinstimmen. Ein eher introvertierter Geschäftsführer stellt sich beispielsweise unter kontaktstark etwas anderes vor als ein extrovertierter Headhunter.
- **Für meine potenziellen Kandidaten** gilt es herauszufinden, welche Herausforderungen die neue Position tatsächlich mit sich bringt. Hier geht es um harte Fakten: Wie steht das Unternehmen tatsächlich wirtschaftlich da? Wie entwickelt sich sein Umfeld? Vor allem aber um die weichen Fakten: Mit welchen „Macken" in der Vorstandsetage ist zu rechnen? Welche ungeschriebenen Gepflogenheiten gilt es zu kennen und mitzuspielen? Es mutet zwar seltsam an, aber je höher eine Position dotiert ist, desto mehr wird erwartet, dass ein Wunschkandidat die richtigen Hobbys pflegt, die richtigen Lokalitäten besucht, mit dem richtigen Wagen vorfährt, das richtige Smartphone auf den Tisch legt und eine Uhr mit der richtigen Marke und Preisklasse am Handgelenk trägt.

3. Festlegung des Kandidatenprofils

Oft sehe ich den idealen Kandidaten nach diesem Gespräch schon vor mir. Intuitiv weiß ich, wer passen könnte. Da ich mich aber nicht nur auf meine Intuition verlasse, erarbeite ich ein Profil mit den wichtigsten Eckpunkten:

- Formale Qualifikation
- Laufbahn und Erfahrungen
- Wertvorstellungen und Habitus

- Arbeitsstil und Führungsstil
- Persönliche Entwicklung und Ziele

Auch wenn dies nicht „politisch korrekt" erscheint, spielt an dieser Stelle der **Look** der möglichen Kandidaten eine Rolle. Weil sich unsere Wirtschaft in weiten Teilen in eine ästhetische Ökonomie verwandelt hat, geht es eben nicht mehr nur um die Produktion von Waren oder Dienstleistungen, sondern um deren Inszenierung. Und diese Inszenierung funktioniert nur, wenn der Kandidat ins Bild passt.

4. Identifizierung und Suche

Dieser erste Schritt in der Suchstrategie wird von vielen Headhuntern an eine interne Research-Abteilung oder sogar an einen externen Research-Dienstleister ausgelagert. Denn hier geht es um das Zusammenstellen von Unternehmen – und darum, bestimmte Unternehmen aus der Suchstrategie auszuklammern. Das sind zum Beispiel enge Geschäftspartner des suchenden Unternehmens oder aber enge oder ehemalige Kunden des Headhunters. Es geht natürlich nicht, bei einem Kunden Führungskräfte für einen anderen Kunden abzuwerben. So genannte Off-Limits- oder No-Touch-Regelungen werden vertraglich festgehalten. Ich selbst habe es mir zur Regel gemacht, die Liste der Zielfirmen mit meinem Auftraggeber zu besprechen, bevor ich in die Direktansprache einsteige.

Oft ist es hilfreich, neben den Firmennamen auch eine Liste mit Namen von Branchen-Insidern zusammenzustellen. Durch meine langjährige Tätigkeit in der Automobilbranche kann ich zwar sagen, dass ich im Prinzip alle wichtigen Führungskräfte aus allen wichtigen Unternehmen kenne. Doch gibt es immer wieder Nachwuchskräfte oder Quereinsteiger, die mir noch unbekannt sind und auf die mich solche **Sources** hinweisen können.

Im nächsten Schritt identifiziere ich geeignete Kandidaten und finde im Vorfeld so viele Informationen über sie heraus, wie nur irgend möglich. Dies geschieht, indem ich mit Personen aus dem Umfeld des Kandidaten Kontakt aufnehme, die idealerweise den aktuellen Job eines Kandidaten, die hierarchische Einordnung, Stärken und Schwächen kennen, die mir zudem etwas über die Kultur des eigenen Unternehmens sagen können. Diskret sammle ich diese Informationen ein. Es versteht sich von selbst, dass ich derartige heikle Gespräche nicht einem internen oder eventuell sogar externen **Identer** überlasse, der sich gegebenenfalls wie die Axt im Walde verhält und dabei sowohl die Rehe scheu macht (Kandidaten) oder den ganzen Wald aufschreckt (die Zielfirma, aus der der Kandidat abgeworben werden soll). Diese Informationen werden so vorsichtig generiert und mit Tarngeschichten verkleidet, dass die Informanten gar nicht ahnen, wem sie welche sensiblen Informationen gegeben haben.

Diese Kunst des sensiblen Informationssammelns funktioniert freilich nur, wenn der suchende Berater äußerst empathisch und sehr gut darüber informiert ist, bei welchen Informanten im Unternehmen er die goldenen Fährten oder den entscheidenden Hinweis bekommt, die letztendlich darüber entscheiden, ob ein Kandidat angesprochen wird oder nicht. Dies ist die eigentliche Königsdisziplin des Headhuntings, die nur wenige beherrschen.

Manchmal komme ich durch derartige Gespräche auch auf ganz andere mögliche Zielpersonen, die zwar auf den ersten Blick nicht geeignet erscheinen, auf den zweiten Blick aber hervorragend geeignet sind. Mein jahrzehntelang gepflegtes und kontinuierlich erweitertes Netzwerk gibt mir die exklusiven Einblicke und Hintergrundinformationen, die andere Berater nicht so leicht bekommen. So eröffnen sich gerade für heikle und anspruchsvolle Projekte ungewöhnliche Wege, die anderen verschlossen bleiben. Man braucht eben beides: ein tiefes Branchenverständnis auf der einen Seite und auf der anderen Seite die Bereitschaft, die vertraute Perspektive zu verlassen und die Branche mit ihren typischen Unternehmen und ihren ebenso typischen Vorstellungen im Hinblick auf Profile und Qualifikationen ganz nüchtern von außen zu betrachten. Gerade diese Fähigkeit ist es, die mir immer wieder Wege zu Kandidaten zeigt, die sich mit klassischen Suchstrategien nicht finden lassen und die genau deshalb die „richtigen" Kandidaten sind.

Immer wieder ist die Rede von spitzfindigen Suchmanövern – von der Recherche in Fachmagazinen bis hin zu geschickten Anrufen mit unterdrückter Rufnummer in den Unternehmen. Tatsächlich entsprechen viele der legendären Geschichten von Headhuntern, die sich als Journalisten, Poststellenmitarbeiter oder Professoren getarnt durch die Telefonzentralen bis tief in die Unternehmen einschleusen, der Wahrheit. Für die Suche im Top-Segment der Wirtschaft spielen derartige Manöver jedoch eine untergeordnete Rolle. Ganz einfach deshalb, weil deren Namen Brancheninsidern wie mir ohnehin bekannt sind und weil diese sich nicht in virtuellen Netzwerken bewegen – sondern in ganz realen, zumeist sehr traditionellen und exklusiven Beziehungsgeflechten, zu denen einfache „Wald-und-Wiesen"-Headhunter keinen Zugang haben.

Auch für die Suche nach Mittelmanagern sind verdeckte Suchmanöver heute oft nicht mehr notwendig. Jeder findet heute so viele Informationen über viel versprechende Kandidaten via Internet, dass diese Arbeit im Graubereich oft nicht mehr notwendig ist. In etlichen Unternehmen gibt es außerdem die klare Anweisung, Headhunter, die sich telefonisch melden, nicht weiterzuleiten. Dieses Verbot haben diese zu akzeptieren, wie die Rechtsanwaltskammer des Saarlandes mit Verweis auf ein aktuelles Urteil des Landgerichts Bonn erklärt (Urteil vom 3.1.2013, Az.: 14 O 165/1214 O 165/12).

Hintergrund des Urteils: Ein Headhunter hatte unter falschem Namen versucht, sich über die Telefonzentrale zum gewünschten Gesprächspartner verbinden zu lassen. Daraufhin beantragte die Geschäftsleitung gegen diesen Headhunter eine einstweilige Verfügung auf Unterlassung derartiger Anrufe. Das Gericht erklärte, dass die telefonische Ansprache zwar zulässig sei – nicht zuletzt wegen der Berufsausübungsfreiheit des Headhunters. Die Grenze wettbewerbswidrigen Verhaltens sei aber überschritten, wenn verwerfliche Mittel eingesetzt würden, so die Richter. Als ein solches Mittel gilt nach aktueller Gesetzeslage die Identitätstäuschung.

5. Kandidaten ansprechen

Habe ich meine Wunschkandidatenliste zusammengestellt, wird es konkret. Vor zehn Jahren arbeitete ich noch hauptsächlich per Telefon und erzeugte mit meinen Anrufen aus heiterem Himmel geradezu filmische Szenen in den Unternehmen: „Ja, gut dass Sie wegen der Reparatur der Waschmaschine anrufen. Ich melde mich dann später bei Ihnen wegen der Terminabstimmung …" Sie kennen diese schlecht erfundenen Antworten am Telefon und die krampfhaft Jubelstimmung unterdrückende Mimik der frisch angerufenen Kandidaten genauso gut wie ich.

Heute nutze ich neben der klassischen Telefonleitung weitere Kanäle zum Kandidaten, ohne im Unternehmen aufzufallen: Ich kann über die privaten Telefonnummern Nachrichten auf mobile Geräte senden oder – vor allem in den jüngeren Jahrgängen – auch über Online-Business-Netzwerke agieren. Wie genau ich an diese Informationen komme, möchte ich an dieser Stelle nicht offenlegen. Nur so viel: Es gehört eine sehr große Dosis Kreativität dazu. Mit „ein bisschen herumtelefonieren" ist es jedenfalls nicht getan.

Laut Annette Kinnear steht der Headhunter-Satz „Können Sie gerade frei sprechen?“ am Beginn jedes Gesprächs mit einem potenziellen Kandidaten. Ihr zufolge äußern dann 80 Prozent der Kandidaten den Wunsch, abends angerufen zu werden. Ich gehe hier anders vor: Ich rufe gleich abends an. Oder sehr früh am Morgen. Oft dauern diese Gespräche nur wenige Sekunden:

> Es ist kurz vor sechs Uhr am Morgen, ich wähle die Nummer eines Top-Kandidaten, derzeit Geschäftsführer eines Hidden Champions. Er meldet sich aus dem Auto:
>
> Kandidat (schreit): Schmitt!!
>
> Eckelt (leise): Guten Morgen!
>
> Kandidat (schreit): Was wollen Sie!??
>
> Eckelt (höflich): Ich möchte Ihnen eine Lebensversicherung verkaufen.
>
> Kandidat (mit sich überschlagender Stimme): Wollen Sie mich verarschen?
>
> Eckelt (höflich): Ja. Nein, natürlich nicht. Ich habe ein Job-Angebot für Sie.
>
> Kandidat (schreit immer noch): Wer sind Sie!?
>
> Eckelt (sehr höflich): Eckelt mein Name. Headhunter.
>
> Kandidat (schreit weiter): Was ist das für ein Job?
>
> Eckelt (höflich): Geschäftsführung Automobilzulieferindustrie. Jahresumsatz XX Millionen.
>
> Kandidat (heiser): Wo?
>
> Eckelt (höflich): Süddeutschland. Können Sie mir noch heute Ihren CV zusenden? Ich melde mich.
>
> Kandidat (gefasst): Alles klar.
>
> Der Kandidat legt auf.

Gerne gehe ich auch folgenden Weg: Ich beobachte die Performance verschiedener Besucher während Business-Veranstaltungen und stecke potenziell interessanten Kandidaten meine Visitenkarte zu mit der knappen Bemerkung: „Rufen Sie mich an!“ Die meisten rufen an.

Da ich innerhalb der Automobilbranche aber nicht nur als Headhunter tätig bin, sondern mit dem **Top Career Guide Automotive** auch jedes Jahr ein Wirtschaftsmagazin herausgebe und regelmäßig **Business-Talks** veranstalte, zeige ich mich den meisten Kandidaten ganz offen: Es weiß niemand im Vorfeld, ob ich mich wegen eines redaktionellen Beitrags melde, wegen einer Event-Einladung oder wegen eines Jobangebots.

6. Gespräche mit den Kandidaten

Konnte ich potenzielle Kandidaten für eine Position interessieren, lade ich sie zu einem persönlichen Gespräch ein. In den meisten Fällen findet dieses an einem neutralen Ort statt – zumindest an einem Ort, den aktuelle Vorgesetzte, Kollegen oder Kunden zur gleichen Zeit höchstwahrscheinlich nicht besuchen werden: An erster Stelle steht hier mein eigenes Büro in Stuttgart, möglich sind aber auch Gespräche in geschützten Räumen an den bereits erwähnten Nicht-Orten (neben Flughäfen eignen sich hier vor allem auch größere Hotels).

Vorstellungsgespräche laufen bei mir völlig anders ab als in Unternehmen. Das hat drei Gründe:

Erstens, weil ich mich bei der Suche grundsätzlich nicht auf vordergründige Qualifikationen konzentriere. Ich führe auch keine „strukturierten Interviews" im Stil der Konzern-Personalverantwortlichen. Stattdessen bohre ich, bis die eingeübten Bewerbungstheater-Texte ins Leere laufen (Tool 1). Ich provoziere, indem ich das Outfit und die Fitness des Kandidaten schonungslos mustere und kommentiere (Tool 2). Ich irritiere durch unpassende Versatzstücke am Ort des Bewerbungsgesprächs (Tool 3). Ich lasse mir Details über erfolgreiche Projekte und Vertragsabschlüsse berichten. Ich frage nach konkreten Resultaten, nach Zahlen, nach Qualitäten, nach der Termintreue. Ich hake nach und dekonstruiere den Kandidaten, bis es weh tut – und bis ich den Eindruck habe, ich kann von der Rolle des **Bad Cop** in die des **Good Cop** wechseln und mit dem Coaching in Richtung neuer Job beginnen (Tool 4).

Ich nehme den Habitus eines Kandidaten in verschiedenen Settings unter die Lupe: In meinem Büro, im Restaurant, in Begleitung der Partnerin. Bis ich genug weiß über die Kompetenzen des Kandidaten und über die typischen Muster seiner Aktionen und Reaktionen, seiner Entscheidungen und Wertvorstellungen, über sein Temperament und seine Persönlichkeit. Nicht zuletzt über seine Jobwechsel-Motivation, seine eigenen Entwicklungsziele und seinen Rückhalt im privaten Umfeld.

Diese Prozedur unterscheidet sich ganz wesentlich von der innerhalb eines Unternehmens: Mir geht es nicht darum, dem Kandidaten seine Unterlegenheit zu zeigen oder ihn einem Initiationsritus zu unterziehen. Mir geht es darum, ihn so lange aus dem Konzept zu bringen, bis er aus seiner Rolle fällt und ich hinter seine Bewerbermaske schauen kann. Ich muss wissen, mit wem ich es zu tun habe – denn vom Erfolg des Bewerbers hängt mein eigener Erfolg ab.

Der **zweite Grund** für den anderen Gesprächsverlauf bei mir besteht darin, dass für mich jeder Kandidat grundsätzlich interessant ist. Denn passt er nicht auf die aktuell zu besetzende Position, dann vielleicht auf eine andere Position im gleichen Unternehmen oder zu einem ganz anderen Unternehmen. Und wenn nicht jetzt sofort, dann vielleicht bei einem späteren Suchauftrag.

Drittens verwandeln sich die Gespräche mit den Kandidaten, die ich interessant finde, oftmals von reinen Bewerbungsgesprächen zu tiefgreifenden Beratungs-Gesprächen. Wie Annette Kinnear in ihrem Buch **Headhunting** richtig feststellt, gibt es immer wieder sehr kompetente Kandidaten, die sich aber einen Jobwechsel nicht zutrauen. Zu Unrecht. Denn viele Arbeitgeber sehen es sehr positiv, wenn ein fähiger und integrer Bewerber Herausforderungen annimmt, an denen er zu wachsen bereit ist. (Kinnaer 2013, S. 73)

Gerne lade ich übrigens Kandidaten am Wochenende ein, sei es zu einem ersten Gespräch bei mir oder zu einer Kandidatenpräsentation beim Auftraggeber. Dieses Vorgehen hat gleich mehrere Vorteile: Zum einen haben die Kandidaten prinzipiell Zeit, zum anderen können auch im Unternehmen des Auftraggebers diskret Kandidaten präsentiert werden, ohne dass gleich die halbe Firma weiß, dass ein neuer Geschäftsführer gesucht wird. Kandidatenpräsentationen am Wochenende haben zudem noch den Charme, dass die Ernsthaftigkeit des Interesses des Kandidaten subtil überprüft werden kann. Ein Kandidat, der hier schon schwierig ist, hat für mich kein ernsthaftes Interesse an einem Jobwechsel.

7. Kandidaten auswählen

Im Schnitt führe ich zehn bis zwanzig persönliche Gespräche von je einer bis 1,5 Stunden, um eine Position zu besetzen. Anders als interne Personalverantwortliche stehe ich bei der Auswahl der Kandidaten vor besonderen Herausforderungen: Ein Großteil meiner Gesprächspartner bekleidet eine gut dotierte Position hat einen Jobwechsel also eigentlich nicht nötig und damit auch keine Eile. Viele haben Verträge mit langen Kündigungsfristen oder Sperrklauseln unterzeichnet

– dürfen also kurzfristig nicht wechseln. Etliche besitzen ein Eigenheim, haben ihren Nachwuchs in sorgfältig ausgesuchten Schulen untergebracht – wollen ihren Wohnort manchmal nicht verändern. Und dann gibt es noch solche, die zum gesuchten Profil nicht passen und den zu besetzenden Job daher nicht übernehmen können, weil ihnen Kompetenzen und/oder der passende Habitus fehlen: zu qualifiziert, zu eckig, zu ländlich, zu anspruchsvoll, zu langsam, zu schnell, zu eigensinnig – hier ist alles möglich.

Aus dem großen Pool der möglichen Kandidaten kann ich bei jedem Auftrag letztendlich nur eine sehr kleine Auswahl treffen: Das sind die Persönlichkeiten, die die erwünschte Leistung bringen **dürfen**, die **können** und die auch noch **wollen**. Und die außerdem die Feinheiten des gewünschten Habitus verstehen, das bedeutet ein souverän ausgewähltes Ensemble von Uhr, Tasche, Schuh und Smartphone – weil Wissen und Kompetenz per se nicht sichtbar sind und weil bestimmte Marken als glaubhafte Zeichen für Macht, Erfahrung, Persönlichkeit, für Leistung, Kreativität und für Kommunikationsgeschick gelten.

Nur den ausgewählten Persönlichkeiten offenbare ich nach meiner Kandidaten-Vorauswahl den Namen des suchenden Unternehmens. Natürlich erst, nachdem ich nach den Namen der Unternehmen gefragt habe, für die ein Kandidat von sich aus nicht tätig werden möchte. Zumeist sind das frühere Arbeitgeber, Mitbewerber, Geschäftspartner und Zulieferer des aktuellen Arbeitgebers.

8. Kandidaten vorbereiten

Die handverlesene Auswahl meiner Kandidaten ist ein Schatz, mit dem ich sehr sorgfältig umgehen muss. Es wäre sehr unklug, meine Auswahl dem Auftraggeber quasi vor die Füße zu werfen. Nach dem Motto: „Ich habe meine Arbeit gemacht. Jetzt bist du dran."

Mein Job ist erst dann erfolgreich gelaufen, wenn Unternehmen und Kandidaten erfolgreich zueinander gefunden haben. Deshalb bereite ich die Bewerber sehr sorgfältig auf ihren Auftritt im Unternehmen vor.

Ich beschreibe zum Beispiel, wie es bei meinem Auftraggeber konkret aussieht. Ich rede Klartext, was die Umgangsformen und Charaktere der relevanten Persönlichkeiten angeht. Nicht jeder Kandidat hat die Chuzpe, sich mit einem cholerischen Vorstandschef auseinanderzusetzen. Und nicht jeder den Habitus, der zu einem feinsinnigen Aristokraten in der Top-Etage passt.

Meine Aufgabe ist es, Systeme zu verbinden. Das funktioniert nur, wenn ich im Vorfeld auf allen Ebenen für eine optimale Passung sorge. Das heißt: Ich finde einen Kandidaten, der das kann, was gefragt ist, dessen Wertvorstellungen und Habitus zum Unternehmen passen und der sich auch in Stilfragen adaptieren kann. Im Unternehmen werbe ich dafür, die eigenen Vorstellungen bezüglich des idealen Kandidaten auszuweiten. Sich also – ich übertreibe absichtlich – nicht zu versteifen auf das Stereotyp des etwa 40-jährigen, smarten, durchtrainierten Ingenieurs, sondern auch andere Typen in Erwägung zu ziehen.

Fakt ist: Stimmt der erste Eindruck nicht, dann hat nicht nur der Kandidat versagt, sondern auch ein schlechtes Licht auf mich geworfen. Ist aber der erste Eindruck ausgesprochen positiv, dann fällt dies auch positiv auf mich und auf meine Vorarbeit zurück.

9. Kandidaten präsentieren

Nach zwanzig oder mehr intensiven Telefoninterviews führe ich also bis zu zehn persönliche Gespräche in meinen Räumlichkeiten oder an einem anderen Ort. Von diesen zehn schaffen es dann, je nach Projekt, fünf bis sieben Kandidaten in die nächste Runde: zur Präsentation bei meinem Auftraggeber. Aus dieser Auswahl treffe ich dann gemeinsam mit dem Auftraggeber die Entscheidung, wer zu einem zweiten oder sogar zu einem dritten Gespräch eingeladen wird.

Bei dem ersten Gespräch im Unternehmen sind in der Regel die Personalleitung und Vertreter aus dem Fachbereich vertreten. Die Anzahl der Gesprächsteilnehmer variiert von Fall zu Fall. Damit das Ungleichgewicht dem Kandidaten gegenüber nicht zu groß wird, rate ich generell zu nicht mehr als drei Vertretern auf der Unternehmensseite. Hinzu kommen meine Person und der Kandidat.

Bei einem Neukunden kann der Ablauf etwas variieren: Ist das Unternehmen eher unerfahren, was im Mittelstand durchaus vorkommen kann, präsentiere ich schon in der ersten Runde nicht drei oder vier, sondern eher vier bis sechs Kandidaten. Ich habe nämlich die Erfahrung gemacht, dass Unternehmen erst in der Konfrontation mit ganz unterschiedlichen Kandidaten-Typen in der Lage sind, ihre Vorstellung bezüglich des richtigen Kandidaten zu präzisieren.

Zwar gibt es Anforderungsprofile und Briefinggespräche, in denen gewünschte Qualifikationen und Persönlichkeitstypen umrissen werden. Das eigentliche **Feintuning** des Profils, um nicht zu sagen die genaue **Geschmacksfindung** geschieht aber in der Regel erst während der ersten Kandidatenpräsentationen. Deshalb achte ich in einem solchen Fall penibel darauf, dass nicht im Hinblick auf Qualifikationen, Lebens- und Berufserfahrung, Seriosität, Mentalität, Grad der Extraversion, Alter und Gehaltsvorstellungen völlig unterschiedliche Persönlichkeiten präsentiert werden. Gerne präsentiere ich auch einen Kandidaten, der dem gesuchten Profil auf den ersten Blick überhaupt nicht entspricht, meinem Eindruck nach aber den ausgeschriebenen Job sehr erfolgreich stemmen kann.

In dieser Phase lerne ich selbst noch einmal mehr über das Unternehmen und seine Kultur. Daher scheiden in dieser Phase Kandidaten aus, die sich durch ein Detail disqualifizieren, das auf den ersten Blick unerheblich schien, nun aber ausschlagend für das Für oder Wider wird: zu modisch, zu sportlich, zu urban, zu evangelisch – hier ist alles möglich.

Wer von mir präsentiert wird, den habe ich für gut befunden. Ich wähle niemals nur einen einzigen viel versprechenden Kandidaten aus, den ich in einer Entourage aus unpassenden Personen umso heller erstrahlen lasse. Diese Vorgehensweise ist eine Zumutung für das suchende Unternehmen und vor allem auch für die vorgestellten **Dummies**, die in einer solchen Prozedur nicht nur blamiert, sondern deren Name in der Branche damit geradezu verbrannt wird.

Während der Gespräche halte ich mich zurück oder übernehme, wenn das Unternehmen dies wünscht, die Rolle des Moderators. Normalerweise werden mehrere Gesprächsrunden geführt, in denen weniger geeignete Kandidaten ausgefiltert werden. Oder umgekehrt: in denen Kandidaten ihre Bewerbung zurückziehen, weil ihnen im direkten Kontakt klar wird, dass die neue Position nicht zu ihnen passt. Im Idealfall bleibt am Ende ein Kandidat, von dem das Unternehmen begeistert ist. Und der sich für das Unternehmen begeistert.

Ich habe mir angewöhnt, mit Backup-Lösungen zu arbeiten. Der Grund: Zu oft habe ich es erlebt, dass der Traumkandidat dann doch nicht unterschreibt und das Unternehmen verärgert ist, weil die Vakanz trotz all der Mühen und Kosten nicht mit dem Wunschkandidaten besetzt werden kann. Damit dies nicht passiert, habe ich zwei Sicherungsstufen eingebaut:

Sicherungsstufe 1: Ich lasse im Unternehmen nicht den Wunsch oder die Wahnvorstellung übergroß werden, dass es nur einen einzigen Superkandidaten gibt, den es zu ergattern gilt. Ich präsentiere daher niemals nur einen leuchtenden Stern in einer Entourage von Sternschnuppen. Der Wunschkandidat ist bestenfalls „primus inter pares", aber nicht einsamer Spitzenreiter, womöglich noch mit Starallüren! Deshalb führe ich das Unternehmen so durch den Prozess, dass es auch die Vorzüge der anderen Kandidaten versteht.

Sicherungsstufe 2: Ich beziehe das private Umfeld des Kandidaten ein. Denn was nützt es, wenn der Traumkandidat will, aber nicht darf? Daher frage ich noch weit vor der Kandidatenpräsentation: „Wie steht Ihre Frau zu Ihren beruflichen Veränderungsplänen? Was hält sie davon? Stützt sie Ihr Vorhaben?" Hier ermuntere, ja dränge ich vielmehr den Kandidaten, die Karrierestrategie mit der Familie zu besprechen. Schließlich gilt es, mögliche Schulwechsel oder den Verkauf einer eigenen Immobilie zu beschließen und zu planen.

Die Partnerin eines Kandidaten spielt eine zentrale Rolle: Unterstützt sie die Wechselabsicht des Partners nicht, ist die Wahrscheinlichkeit groß, dass der Kandidat in letzter Minute abspringt. Ist dann keine Backup-Lösung in Form eines anderen passenden Kandidaten zur Hand, sind die Gesichter auf allen Seiten lang und ist Ärger vorprogrammiert.

Ich schaue mir die Partnerin des Kandidaten aber noch aus einem anderen Grund gerne an: Denn auch hier zeigt sich, ob eine harmonische Partnerschaft gelebt wird, aus der ein Kandidat Kraft schöpfen kann, oder ob er einen Zwei-Fronten-Krieg führen muss: die Challenge eines neuen Jobs mit all seinen Begleiterscheinungen und das ständige Befrieden der Heimatfront.

Sich den Lebenspartner anzuschauen ist aus einem dritten Grund ratsam: Die Partnerwahl sagt sehr viel über die Persönlichkeit eines Menschen und über seine kulturelle Passung im Hinblick auf den neuen Arbeitgeber aus. Hier zeigen sich Wertvorstellungen und Lebenseinstellungen noch einmal mit einem anderen Gesicht.

In der Praxis hat es sich als sinnvoll erwiesen, den neuen Kandidaten und seine Partnerin in das Unternehmen einzuladen, beiden den Arbeitsplatz, die Umgebung, die Stadt mit ihren Kultur- und Freizeiteinrichtungen sowie Schulen zu zeigen. So mache ich nicht nur die Partnerin des Kandidaten zu meiner Verbündeten, sondern erfahre auch aus der Interaktion der Partner manche Details, die mich in meiner Auswahl entweder bestärken oder mich davon abbringen.

Dieses Prozedere halte ich für die Pflicht einer jeden soliden Personalentscheidung. Die Kür ist das gemeinsame Abendessen, zu dem ich den Kandidaten, seine Partnerin und die Geschäftsführung einlade. Dieser Teil ist mir besonders dann wichtig, wenn die neue Führungskraft gemeinsam mit seiner Partnerin im Unternehmen Repräsentationsaufgaben wahrnehmen soll. An solchen Abenden habe ich manchmal mehr über den Kandidaten und sein Umfeld erfahren, als mir lieb war.

Regelmäßig stehe ich an diesem Punkt vor folgenden Herausforderungen: Bei Kandidaten mit (groß-)bürgerlichem und damit für viele Unternehmer überzeugenden Habitus kommen mir Zweifel in Bezug auf deren Leistungsfähigkeit. Bei Kandidaten mit überzeugender Leistungsfähigkeit sehe ich Optimierungsbedarf in Sachen Habitus – das gilt häufig für Bewerber aus einem dem Unternehmen fremden Milieu, aus einem anderen Kulturkreis, für besonders junge oder altersmäßig besonders fortgeschrittene Kandidaten, gelegentlich auch für Kandidatinnen.

Wie gehe ich vor? Habe ich ernsthafte Zweifel an der fachlichen Kompetenz und/oder an der inneren Haltung eines Kandidaten, endet meine Zusammenarbeit an dieser Stelle. Sehe ich lediglich Optimierungsbedarf im Bereich Habitus, arbeite ich weiter. An der Performance lässt sich feilen.

10. Vertragsverhandlung und Onboarding

Es ist immer sinnvoll, Kandidaten in den ersten Monaten im neuen Job zu begleiten. Denn Studien zeigen, dass 40 Prozent aller neu eingestellten Mitarbeiter bereits binnen des ersten Beschäftigungsjahres und jede dritte Führungskraft noch während der Probezeit kündigt. Dabei ist entscheidend, dass die Kündigungsabsicht bei 80 Prozent dieser Personen schon am ersten Tag (!) gefasst wird (vgl. Becker 2002, S. 16). Eine Studie von **Hewitt Associates** (2003) bestätigt diesen Befund: Die Unternehmen, die in den Onboarding-Prozess die meiste Zeit und Energie gesteckt hatten, profitierten vom höchsten Engagement ihrer neuen Mitarbeiter. Dazu noch ein Beispiel: Die Bank of America hat ihre Abbrecherquote seit der Einführung eines speziellen Executive-Onboarding-Programms auf zwölf Prozent gesenkt (vgl. Hofmann 2014, S. 119).

Das ist der Grund dafür, dass ich den Onboarding-Prozess aktiv unterstützte und häufig auch an den Vertragsverhandlungen teilnehme. So kann ich dafür Sorge tragen, dass trotz anfänglich unterschiedlicher Vorstellungen die Vertragsverhandlungen letztlich gelingen und das Projekt erfolgreich abgeschlossen werden kann. Der Grund: Nicht nur weiß ich, welche Gehälter für die jeweilige Funktion angemessen sind. Auch weiß ich, was ein faires Vertragsangebot für beide Seiten ist. Für das Unternehmen, das einen geeigneten Kandidaten zu einem angemessenen Preis akquirieren will und für den Kandidaten, der seine Hand verständlicherweise so teuer wie möglich verkaufen möchte, um damit das Risiko eines Arbeitgeberwechsels abzufedern.

Anders als viele Berufskollegen pflege ich auch nach Besetzung der Position einen engen Kontakt zu meinen Kandidaten, aber auch zu dem Auftraggeber. Die Kandidaten danken es mir und sind mir für die unkomplizierte und oft sehr direkte Feedback-Kultur dankbar, die sie vor manchen Fehltritten innerhalb der informellen Regeln eines Unternehmens bewahrt und die letztendlich dazu beiträgt, dass sich das Risiko des Arbeitgeberwechsels auszahlt. Die Auftraggeber danken es mir, weil sie Kandidaten bekommen, die ihren Vorstellungen entsprechen, die ins Unternehmen passen und die genau die Performance bringen, die sie erwarten. Nicht selten werde ich mit Folgeaufträgen belohnt. Auch die von mir vermittelten Kandidaten vergessen es nicht. Der ein oder andere ist heute mein Auftraggeber.

In Konstellationen denken

Ich hoffe, ich konnte mit diesem Buch dazu beitragen, dass Sie in Zukunft mehr Erfolg bei der Personalauswahl haben. Nicht durch ein einfaches Rezept, sondern durch eine veränderte und vor allem erweiterte Perspektive auf Ihren Arbeitsprozess. Zentral sind dabei folgende Punkte:

Vertrauen herstellen: Der Prozess der Personalauswahl kann nur auf einer stabilen Vertrauensbasis gelingen. Eine solche Basis können Sie herstellen, indem Sie alles tun, um einen guten Resonanzboden für Ihre Gespräche herzustellen. Dies gelingt nicht zuletzt dadurch, dass Sie die Sprache Ihres Gegenübers sprechen, dass Sie dessen Habitus verstehen und gegebenenfalls aufgreifen.

Systeme sehen: Ein Kandidat ist nicht per se „sehr gut" oder „nicht geeignet". Lösen Sie sich von der Fixierung auf die Person des Kandidaten und nehmen Sie die gesamte Konstellation in den Blick: Welche Person im direkten Umfeld des Kandidaten agiert in welcher Position? Wie passt der Kandidat zur Positionierung des Unternehmens? Wie zur Marke, wie zur Atmosphäre, wie zum Ort des Geschehens?

Authentizität provozieren: Mit provokativen Methoden ist es ein Stück weit möglich, selbst einen perfekt vorbereiteten Kandidaten aus der Fassung zu bringen. Gezieltes Aufbrechen von Kommunikationsmustern, schonungslose Konfrontation mit den Herausforderungen des aktuell grassierenden „lookism" und eine Irritation am Ort des Geschehens können dazu führen, dass ein Kandidat aus dem von ihm einstudierten Rollenspiel des perfekten Bewerbers aussteigt, dass er tiefer verankerte Verhaltensweisen zeigt und bereit ist, mit seinem Gegenüber mit größerer Offenheit und Ehrlichkeit zu sprechen.

Eigene Impulse lesen: Wer versucht, sein Gegenüber zu „lesen", kommt nicht darum herum, vor allem sich selbst zu beobachten. Welche somatischen Marker springen an und warum (das so genannte Bauchgefühl)? Gelingt es dem Kandidaten, eine positive Resonanz in der eigenen Wahrnehmung auszulösen? Gibt es Anlass zur Annahme, dass dies auch im Erstgespräch im Unternehmen gelingt?

Dekonstruktion und Rekonstruktion: Erfahrungsgemäß sind von den Personalverantwortlichen und Headhuntern besonders diejenigen erfolgreich, die ein hohes Maß an Empathie aufbringen und auf diesem Wege viel über ein Unternehmen oder einen Kandidaten in Erfahrung bringen. Und die gleichzeitig völlig angstfrei sind, wenn es um Konfrontationen geht. Und zwar weil sie – bei gleichzeitiger positiver und menschenfreundlicher Grundhaltung – den Mut und die Expertise haben, die Identitätskonstruktionen eines Kandidaten und die stereotypen Vorstellungen eines Unternehmens miteinander zu konfrontieren, zu demontieren und dann gemeinsam neu auf die Schiene zu bringen.

Ausgetretene Pfade verlassen

Zu den auf der Seite der Unternehmen gepflegten, stereotypen Vorstellungen gehört auch das Alter eines Wunschkandidaten. Zwar hat der übertriebene Jugendwahn in den meisten Unternehmen etwas nachgelassen. Als Bewerber mit Mitte 40 hat man heute durchaus Chancen, sogar mit 50 Jahren und mehr lässt sich noch etwas bewegen, doch ist die Jobsuche in dieser Lebensphase hartes Brot. Um in diesem Alter eine erfolgreiche Neupositionierung zu erreichen, müssen Bewerber über so seltene Qualifikationen verfügen, so dass sie überspitzt gesagt Artenschutz genießen sollten. Oder sie müssen sich auf schmerzliche Abstriche in puncto Gehalt, Status und hierarchische Einordnung im Unternehmen einlassen.

Die Vermittlung von Vorständen in dieser Altersklasse ist durchaus üblich und erfolgreich, hat aber zwei Nachteile: In Deutschland ist die Verweildauer auf einem Vorstandsposten mit rund 2,5 Jahren so niedrig wie nirgends sonst, außerdem gibt es in Summe sehr wenige Vorstandsjobs. Für Geschäftsführer sieht die Situation etwas besser aus, doch auch hier gibt es in der Regel auf drei oder vier Jahre befristete Verträge, und einen solchen zu ergattern ist nicht leicht.

Ich beobachte im Moment, dass ein Umdenken einsetzt. Unternehmen öffnen sich wieder mehr für erfahrene Experten – was dazu führt, dass ich meine Suchstrategien entsprechend erweitern und zunehmend ausgesprochen interessante, gestandene Persönlichkeiten vermitteln kann. Dazu ein Beispiel:

> Ein Mittelständler besetzte seit Jahren die Position des Geschäftsführers im Bereich Produktion mit externen Kandidaten, während die anderen Geschäftsführungsbereiche in der Regel von innen, d. h. aus dem Unternehmen heraus besetzt wurden. Die Geschäftsführer dieser anderen Bereiche waren überwiegend schon mehrere Jahre auf ihrem Posten, waren intern gut vernetzt und etabliert. Gegenüber diesem etablierten Netzwerk und der damit verbundenen Hausmacht musste sich der von außen kommende Technische Geschäftsführer jeweils behaupten – was regelmäßig nicht gelang.
>
> Die Gründe dafür kann ich nur vermuten: Entweder hatten die Kandidaten die hohen Erwartungen, die an sie hinsichtlich Neuausrichtung einer effizienten Produktion gestellt wurden, nicht erfüllt oder sie konnten sich gegen die Hausmacht der etablierten Silberrücken im Unternehmen aufgrund ihres fehlenden internen Netzwerkes oder mangels Akzeptanz nicht auf Dauer durchsetzen und verließen das Unternehmen von sich aus wieder.
>
> Wahrscheinlich wäre dieses Muster ewig so weitergegangen, wenn nicht ein Umdenken eingesetzt hätte: Für die erneute Besetzung dieser Vakanz brach man aus dem bisher angewandten Besetzungsmuster aus und stellte nicht einen Mittvierziger aus dem Hause eines Wettbewerbers ein. Vielmehr gab man diesmal einem Kandidaten die Chance, der Vorruheständler war, also seine Karriere gemacht hatte, sich aber zu jung fühlte, um seine Zeit auf den Golfplätzen dieser Welt zu verbringen.
>
> Dieser Kandidat war in vielfacher Hinsicht anders als die Kandidaten, die sonst für diese Position gesucht werden. Er war deutlich älter und damit ab-

gehärtet. Er musste weder sich, noch dem Unternehmen etwas beweisen. Er musste auch nicht mehr im landläufigen Sinne „Karriere machen" und sich „politisch" korrekt verhalten, nur um im Unternehmen weiterzukommen.

Zudem war er aufgrund seines Alters finanziell unabhängig. Somit konnte er aus völliger Souveränität heraus agieren und einfach das tun, was er gern tat: ein guter Produktionsfachmann sein und auch manche Entscheidungen treffen, mit denen er durchaus bei den etablierten Silberrücken im Unternehmen aneckte. Das war ihm aber gleichgültig, weil er durch seine finanzielle Unabhängigkeit Freiheit hatte und das Unternehmen jederzeit verlassen konnte.

Dies verschaffte ihm die notwendige Souveränität, um seine Ideen einer „best-of-class"-Produktion umzusetzen. Er tat und tut es mit Erfolg. Heute, fast zehn Jahre später, denkt dieser hervorragende Produktionsfachmann immer noch nicht daran, aufs Altenteil zu gehen. Das Unternehmen tut gut daran, diesen Weg fortzusetzen, indem es bei Zeiten wieder einen so souveränen Kandidaten als Nachfolger einstellt, der unabhängig von den Zwängen nur seinem Können und damit den Unternehmenszielen verpflichtet ist.

Diese Geschichte ist ein Paradebeispiel für gelebtes Demografie-Management. Es ist klar, dass dieses ein Musterbeispiel ist, das so in der Realität viel zu selten vorkommt, aber häufiger vorkommen sollte.

Um Missverständnissen gleich vorzubeugen: Dieses Beispiel ist nicht als Aufforderung zu verstehen, möglichst viele Leistungsfunktionen mit juvenilen Rentnern zu besetzen. Wie auch in anderen Fällen kommt es auf die Mischung, auf gelebtes Diversity-Management an: Gute Ergebnisse beobachte ich zum Beispiel bei Unternehmen, deren Geschäftsführer über einen deutlichen Senioritätsstatus verfügen und gegebenenfalls von außen gekommen sind, in Kombination mit erfahrenen **Seniors** in Führungspositionen, die ihre Karriere **im** Unternehmen gemacht haben, neben einigen bewusst mit jüngeren Talenten von extern und intern besetzten Funktionen.

„Passen" heißt „auf dem Boden bleiben"

Der Erstkontakt muss gelingen – denn die erste Begegnung ist die Grundlage für das erfolgreiche und dauerhafte Besetzen von Schlüsselpositionen. Dabei muss eine Resonanz im Personalverantwortlichen vor Ort entstehen, und diese muss positiv sein. Ist diese erste Hürde genommen und steht meine Geschäftsbeziehung auf einer stabilen Vertrauensbasis, so läuft der Prozess in Richtung erfolgreiche Platzierung fast wie von selbst.

Aber das reicht nicht aus. Ein von mir platzierter Kandidat muss **langfristig** im Unternehmen erfolgreich sein, sonst fällt die Personalentscheidung negativ auf mich zurück. Deshalb bin ich sehr daran interessiert, auch nach der Platzierung mit meinen Kandidaten in Kontakt zu bleiben. Mit folgenden Zielen:

- Ich kann die Entwicklung des Kandidaten langfristig beobachten und begleiten. Dies dient nicht zuletzt dazu, ein auftretendes Ikarus-Syndrom rechtzeitig zu erkennen und nach Möglichkeit gegenzusteuern. Deshalb bin ich auch als Coach tätig.
- Ich kann die Konstellationen, in denen sich ein Kandidat bewegt, langfristig beobachten und daraus wichtige Rückschlüsse für mögliche weitere Platzierungen schließen.

Kandidaten lesen in der schönen, neuen Welt der Industrieschauspieler

Diese Frage treibt mich um: Wie gehen wir Headhunter damit um, dass erfolgreiche Manager und Mitarbeiter sich in Zukunft aller Voraussicht nach noch mehr zu einer Spezies entwickeln, die ich „vernetzte Industrieschauspieler" nenne? Wie wird es uns möglich sein, trotz der auf Hochglanz polierten Fassaden zu erkennen, wer überhaupt leistungsfähig ist? Und wer nur so tut als ob? Wie können wir frühzeitig erkennen, welcher Kandidat so sehr in die eigene Macht und Leistungsfähigkeit verliebt ist, dass er durch seine Sucht nach immer mehr Erfolg die Kontrolle verliert und einen kompletten Realitätsverlust erleidet?

Hinter dem oben beschriebenen Ikarus-Syndrom kann eine handfeste psychische Störung stehen: Narzissmus. Der mit Narzissmus oft verbundene „Wagemut" und die ständige Suche nach dem nächsten „Kick" können Top-Kandidaten zunächst zu Höchstleistungen befähigen. Zunächst. Am Ende sieht es anders aus: „Die Egomanen vernichten am Ende oft Milliardenwerte, samt Arbeitsplätzen, bringen Gläubiger um ihr Geld und demontieren sich selbst, weil ihr Ich das Hirn auffrisst", schreiben Christoph Neßhöver und Ursula Schwarzer in einem Beitrag für die Zeitschrift **manager magazin** (2/2015).

Wenn Narzissten zusätzlich die Merkmale eines Psychopathen tragen, kennen sie in der Regel keine Empathie, keine Angst, keine Skrupel, kein Unrechtsbewusstsein. „Sie verfolgen rücksichtslos ihre Ziele, Kollateralschäden sind ihnen egal", so Neßhöver/Schwarzer. „Stellt sich ihnen jemand in den Weg, verwandeln sie sich vom Kumpel zum Tyrannen." (Neßhöver/Schwarzer 2015, S. 38)

Dass der Schritt in die Kriminalität dann nur noch ein kleiner ist, zeigen die gescheiterten Karrieren von Middelhoff und anderen. Leider heißt das aber nicht, dass das Modell „Ikarus" in den Top-Etagen der Wirtschaft ausgedient hätte. Im Gegenteil. Wir müssen in Zukunft mit noch mehr Selbstüberschätzern, Narzissten und Psychopathen rechnen. Eine „narzisstische Epidemie" diagnostizierten die US-Psychologen Jean Twenge und Keith Campell schon im Jahr 2009. Von einer „Ich-Inflation" sprechen Neßhöver/Schwarzer. Und der Wiener Psychologe Michael Schmitz rechnet damit, dass „machtambitionierte Opportunisten und Schaumschläger" weiterhin aufsteigen. Nicht nur in der Wirtschaft, sondern vor allem auch in der Politik (Schmitz 2012).

Ich vermute, unsere Profession wird in Zukunft noch herausfordernder werden. Denn es wird immer weniger darum gehen, überhaupt interessante Kandidaten zu finden. Stattdessen immer mehr darum, die gute **crème de la crème** von den schlechten Schaumschlägern zu unterscheiden. Wenn wir uns klarmachen, dass gute Schaumschläger sich durch überzeugende Performance-Künste, um nicht zu sagen professionelles Bluffen auszeichnen, müssen wir uns eingestehen, dass diese Unterscheidung noch schwieriger werden wird.

Zwar verzeichne ich mit meinen in diesem Buch beschriebenen Methoden sehr gute Erfolge – außerdem wurden mittlerweile Tools entwickelt, die beim Entlarven von Narzissten helfen sollen (etwa das „Diagnostic Interview for Narcissism") –, doch bleibt die Frage nach der Selbstüberschätzung offen: Bis zu welchem Punkt ist das hohe Selbstvertrauen notwendig und produktiv und wann kippt es um in ein destruktives Ikarus-Syndrom? Die Grenze ist zumeist nicht erkennbar. Und wenn Ikarus abgestürzt ist, dann ist es zu spät.

In einer Zeit, in der wir es mit stark ich-zentrierten Industrieschauspielern zu tun haben, die in ihren medialen wie realen Selbstdarstellungen alles Beliebige behaupten können, sind professionelle Headhunter notwendiger denn je. Headhunter, die nicht davor zurückscheuen, Kandidaten knallhart zu konfrontieren und so die Unternehmen dabei unterstützen, sich vor Blendern, Bluffern, Hochstaplern, Narzissten und Psychopathen zu schützen.

Die richtigen Kandidaten am richtigen Platz sind die Erfolgsfaktoren in jedem Unternehmen. Sie sind da draußen. Finden wir sie also, die wirklich Richtigen! Geben wir ihnen und uns die Chance, das große Spiel der Selbstdarsteller zu durchschauen und aufzubrechen! Damit nicht nur die einzelnen Kandidaten wieder richtig vorankommen, sondern auch die nach Leistungsträgern suchenden Unternehmen – und mit ihnen die Wirtschaft insgesamt.

Die richtigen Leute einzustellen, ist das Beste, was ein Manager tun kann.
Lee Iacocca, Vorstandsvorsitzender Chrysler 1979 – 1992

Literatur

Aebi, Doris: Plädoyer für einen neuen Ansatz beim Research. In: Hofmann, Dieter; Bergert, Gabriele (Hrsg.): Headhunter. Blick hinter die Kulissen einer verschwiegenen Branche. Wiesbaden 2014 (2. Auflage), Seiten 15–26

Allesch, Christian: Resonanz als Sinnbild ästhetischer Erfahrung. Vortrag im Rahmen des Braunschweiger Ästhetik-Kolloquiums „Resonanz", 22.5.2008. Download unter https://www.uni-salzburg.at/fileadmin/oracle_file_imports/1751270.PDF

Augé, Marc: Nicht-Orte. München 2012 (3. Auflage)

Automarken-Studie: Anwälte fahren BMW, Elektriker Ford. www.welt.de vom 24.10.2013. http://www.welt.de/motor/article121184764/Anwaelte-fahren-BMW-Elektriker-Ford.html

Aviezer, Hillel et al.: Body Cues, Not Facial Expressions, Discriminate Between Intense Positive and Negative Emotions. In: Science 338, 1225 (2012); DOI: 10.1126/science.1224313

Barrick, Murray R.; Swider, Brian W.; Stewart, Greg L.: Initial evaluations in the interview: Relationships with subsequent interviewer evaluations and employment offers (abstract). Journal of Applied Psychology, Vol. 95(6), 1163–1172

Bartmann, Christoph: Die Performance-Falle. In: Süddeutsche Zeitung vom 26. Januar 2012

Bartmann, Christoph: Leben im Büro. Die schöne neue Welt der Angestellten. München 2012

Bauer, Joachim: Warum ich fühle, was du fühlst. Intuitive Kommunikation und das Geheimnis der Spiegelneurone. Hamburg 2006

Becker, Manfred: Personalentwicklung, Stuttgart 2002 (3. Auflage)

Belting, Hans: Faces. Eine Geschichte des Gesichts. München 2013

Biehl-Missal, Brigitte: Wirtschaftsästhetik: Wie Unternehmen die Kunst als Inspiration und Werkzeug nutzen. Stuttgart 2011

Bittelmeyer, Andrea: Karrierehürde Herkunft. In: managerSeminare 175, 2012, Seiten 74–78

Blümelhuber, Christian: Nachhaltig! Kundenorientiert! Authentisch! Der Schleier der Marketing Correctness. In: Ästhetik und Kommunikation. Heft 162/163, 44. Jahrgang, Winder 2013/2014, Seiten 202–207

Böhme, Gernot: Atmosphäre. Essays zur neuen Ästhetik. Berlin 2013 (7. erweiterte und überarbeitete Auflage)

Botton, Alain de: Glück und Architektur. Von der Kunst, daheim zu Hause zu sein. Frankfurt am Main 2008

Bourdieu, Pierre: Die feinen Unterschiede. Kritik der gesellschaftlichen Urteilskraft. Frankfurt am Main 1999

Bröckling, Ulrich: Das unternehmerische Selbst. Soziologie einer Subjektivierungsform. Frankfurt am Main 2007

Bundesverband Deutscher Unternehmensberater e. V. (BDU): Personalberatung in Deutschland 2015/2016

Burger, Christoph: Vom Wert der Wut. Antriebskraft Ärger. In: managerSeminare 127, Oktober 2008, Seiten 30–34

Castrian, Wilma: Lehrbuch der Psycho-Physiognomik. Antlitzdiagnostik für die Praxis. Stuttgart 2014 (4. vollständig überarbeite Auflage)

Conniff, Richard: Was für ein Affentheater – Wie tierische Verhaltensmuster unseren Büroalltag bestimmen. Frankfurt am Main 2006

Dahrendorf, Ralf: Homo Sociologicus. Ein Versuch zur Geschichte, Bedeutung und Kritik der Kategorie der sozialen Rolle. Wiesbaden 2006 (16. Auflage)

Damasio, Antonio R.: Descartes' Irrtum: Fühlen, Denken und das menschliche Gehirn. Berlin 2004

Domeyer, Ernst: Spielarten der Potenzialeinschätzung. In: OrganisationsEntwicklung 3/2002, Seiten 32–41

Eckelt, Wolfgang (2014a): Bindungswirksamkeit von Personalrekrutierungsmaßnahmen von High Potentials in der Automobilindustrie – Bestandsaufnahme und theoretische Weiterentwicklung. Dissertation. Bremen 2014

Eckelt, Wolfgang (2014b): Wer Kandidaten lesen will, muss völlig andere Fragen stellen. In: Top Career Guide Automotive 2014, Seiten 112–114. Stuttgart 2014

Eidenschink, Klaus: Wie man sich auf die Schliche kommt. Effektivität im Coaching. In: managerSeminare 183, 2013, Seiten 4–9

Flügel, John C.: Psychologie der Kleidung. In: Bovenschen, S. (Hrsg.): Die Listen der Mode. Frankfurt am Main 1986, Seiten 208–264

Funken, Christiane et al.: Die Projektdarsteller: Karriere als Inszenierung. Paradoxien und Geschlechterfallen in der Wissensökonomie. Wiesbaden 2011

Gawronski, Bertram et al.: Prozesse der Urteilsbildung über bekannte und unbekannte Personen. Wie der erste Eindruck die Verarbeitung neuer Informationen beeinflusst. In: Zeitschrift für Sozialpsychologie, 33 (1), 2002, Seiten 25–34

Gibson, Bryan; Poposki, Elisabeth M.: How the adoption of impression management goals alters impression formation. In: Personality and Social Psychology Bulletin (Impact Factor: 2.22). 10/2010; 36(11):1543-54. DOI: 10.1177/0146167210385008

Goffman, Erving: Wir alle spielen Theater. Die Selbstdarstellung im Alltag. München/Zürich 2013 (Erstauflage von 1959)

Hanisch, Ronald: Das Ende des Projektmanagements. Wie die Digital Natives die Führung übernehmen und Unternehmen verändern. Wien 2013

Hank, Rainer; Meck, Georg: Negatives Image. Woran Top-Manager scheitern. In: Frankfurter Allgemeine Zeitung vom 28.7.2013, online unter http://www.faz.net/aktuell/wirtschaft/menschen-wirtschaft/negatives-image-warum-top-manager-scheitern-13066050.html

Hartmann, Michael: Elitesoziologie. Eine Einführung. Frankfurt am Main 2008

Havener, Thorsten: Ich weiß, was du denkst. Das Geheimnis, Gedanken zu lesen. Reinbek 2009

Heidenfelder, Eva: Die Kandidaten fest im Blick. Härtetest für Bewerber. In: Frankfurter Allgemeine Zeitung vom 28.2.2015, online unter http://www.faz.net/aktuell/beruf-chance/arbeitswelt/sinn-assessment-center-13385824.html

Hellmann, Kai-Uwe: Soziologie der Marke. Frankfurt am Main 2003

Hellmich, Ruth: Brechen Sie Tabus! Provokatives Coaching. In: managerSeminare 112, Juli 2007, Seiten 29–34

Hesse, Jürgen; Schrader, Hans-Christian: Headhunter & Co.: Wie Sie mit Headhuntern den Karrieresprung schaffen. Frankfurt am Main 2006

Hofmann, Dieter; Bergert, Gabriele (Hrsg.): Headhunter. Blick hinter die Kulissen einer verschwiegenen Branche. Wiesbaden 2014 (2. Auflage)

Hossiep, Rüdiger; Mühlhaus, Oliver: Personalauswahl und -entwicklung mit Persönlichkeitstests. Göttingen 2005

Jacoby, Anne; Vollmers, Florian: Kapstadt statt Karstadt. So geht internationale Karriere heute. Frankfurt am Main 2014

Jansen, Anne; König, Cornelius et al.: Applicants' self-presentational behavior: What do recruiters expect and what do they get? In: Journal of Personnel Psychology 11, 2012, Seiten 77–85

Johansson, Björn: Als Ausländer in der Schweiz. In: Hofmann, Dieter; Bergert, Gabriele (Hrsg.): Headhunter. Blick hinter die Kulissen einer verschwiegenen Branche. Wiesbaden 2014 (2. Auflage), Seiten 205–212

Kanning, Uwe: Von Schädeldeutern und anderen Scharlatanen. Unseriöse Methoden der Psychodiagnostik. Lengerich 2010

Kanning, Uwe: Absurde Methoden der Psychodiagnostik. In: Skeptiker 3/2010. Online unter http://www.gwup.org/zeitschrift/skeptiker-archiv/995-schaedeldeutung-und-co-

Kerth, Klaus; Asum, Heiko; Stich, Volker: Die besten Strategietools in der Praxis. Welche Werkzeuge brauche ich wann? Wie wende ich sie an? Wo liegen die Grenzen? München 2011 (5. erweiterte Auflage)

Kiell, Guido; Mesarosch, Heike: Menschen, Marken und Modelle – Eine innovative Methodik zur Zielgruppenbestimmung neuer Automodelle und Submarken. (08.12.2012) Online unter http://www.marktforschung.de/marktforschungdossier/branchenspecial-automotive/menschen-marken-und-modelle-eine-innovative-methodik-zur-zielgruppenbestimmung-neuer-automodelle-und-submarken/

Kienbaum/Personalmagazin: HR 4 HR. Professionalisierung von HR-Funktionen durch Kompetenzentwicklung und attraktivere Karrieren. Gummersbach 2014

Kinnaer, Annette: Headhunting. Bitte husten Sie, falls Ihr Chef gerade mithört. Insiderberichte von der geheimen Jagd auf dem Arbeitsmarkt. Berlin 2013

Knoblauch, Hubert: Von der Kompetenz zur Performanz. Wissenssoziologische Aspekte der Kompetenz. In: Kurtz, Thomas; Pfadenhauer, Michaela (Hrsg.): Soziologie der Kompetenz. Wiesbaden 2010, Seiten 237–255

Kracauer, Siegfried: Die Angestellten. Frankfurt 1971 (Erstveröffentlichung 1929)

Kracht, Tiemo; Siebert, Jürgen: Von der Stellenanzeige zur Kopfjagd. In: Hofmann, Dieter; Bergert, Gabriele (Hrsg.): Headhunter. Blick hinter die Kulissen einer verschwiegenen Branche. Wiesbaden 2014 (2. Auflage), Seiten 111–115

Krais, Beate; Gebauer, Gunter: Habitus. Bielefeld 2010 (6. Auflage 2016)

Krause, Jens: Fallbeispiel: Emotionale Markenführung. Audi zeigt wie's geht. Online unter: http://www.springerprofessional.de/fallbeispiel-emotionale-markenfuehrung-bei-audi/3600046.html

Krznaric, Roman: Wie man die richtige Arbeit für sich findet. Kleine Philosophie der Lebenskunst. München 2012

Leendertse, Julia: Personalberater: Die 100 wichtigsten Headhunter. In: WirtschaftsWoche vom 14.1.2014, online unter http://www.wiwo.de/erfolg/jobsuche/personalberater-die-100-wichtigsten-headhunter-seite-all/9346260-all.html

Luhmann, Niklas: Ökologische Kommunikation. Kann die moderne Gesellschaft sich auf ökologische Gefährdung einstellen? Opladen 1986

Manager-Barometer 2014/2015. Vierte jährliche Befragung des Odgers Berndtson Executive Panels in Deutschland, Österreich und der Schweiz. pdf unter: www.odgersberndtson.com/media/2272/odgers_berndtson_manager_barometer_2014.pdf

Mangham, Jain L.; Overington, Michael A.: Organizations as Theatre: A Social Psychology of Dramatic Appearances. Chichester 1987

Meck, Georg; Weiguny, Bettina: Thomas Middelhoff. Größenwahn. In: Frankfurter Allgemeine Zeitung vom 15.6.2014. Online unter http://www.faz.net/aktuell/wirtschaft/ex-arcandor-manager-thomas-middelhoff-zeigt-was-groessenwahn-anrichtet-12990321.html

Melchers, Klaus G. et al.: Messen Einstellungsinterviews das, was sie messen sollen? Zur Bedeutung der Bewerberkognition über bewertetes Verhalten. In: Zeitschrift für Personalpsychologie, 1/2004; 3: Seiten 159–169

Merath, Stefan: Die Kunst seine Kunden zu lieben. Neurostrategie für Unternehmer. Offenbach 2011

Motamedi, Susanne: Ein harter Schlag. Provokative Kommunikation. In: managerSeminare 36, Mai 1999, Seiten 58–64

Naporra, Edgar: Wer wird Chef? Geschäftsführer-Rekrutierung. In: managerSeminare 176, November 2012, Seiten 26–30

Navarro, Joe: Die Körpersprache des Datings. Der FBI-Agent erklärt, wie Sie Zuneigung erkennen und beeinflussen. München 2014

Navarro, Joe; Karlins, Marvin: Menschen lesen. Ein FBI-Agent erklärt, wie man Körpersprache entschlüsselt. München 2013

Navarro, Joe; Poynter, Toni Sciarra: Menschen verstehen und lenken. Ein FBI-Agent erklärt, wie man Körpersprache für den persönlichen Erfolg nutzt. München 2011

Neckel, Sighard: Die Macht der Unterscheidung. Essays zur Kultursoziologie der modernen Gesellschaft. Frankfurt am Main 2000

Neckel, Sighard: Status und Scham. Zur symbolischen Reproduktion sozialer Ungleichheit. Frankfurt am Main 1991

Neßhöfer, Christoph; Schwarzer, Ursula: Ich frisst Hirn. In: manager magazin, Februar 2015

Niermeyer, Rainer: Mythos Authentizität. Die Kunst, die richtigen Führungsrollen zu spielen. Frankfurt am Main 2010

Nordlohne, Jens: „Ich mach jetzt auch mal Internet – das geht nicht.“ Interview mit Garbiele Bergert, Bergert Ziegler GmbH & Co. KG. In: Hofmann, Dieter; Bergert, Gabriele (Hrsg.): Headhunter. Blick hinter die Kulissen einer verschwiegenen Branche. Wiesbaden 2014 (2. Auflage), Seiten 51–61

Peters, Tomas J.; Waterman, Robert H. jr: In Search of Excellence. Lessons From America's Best-Run Companies. Harper Business 1995

Pfadenhauer, Michaela: Professionalität. Eine wissenssoziologische Rekonstruktion institutionalisierter Kompetenzdarstellungskompetenz. Opladen 2003

Piketty, Thomas: Das Kapital im 21. Jahrhundert. München 2014

Pollak, Reinhard: Kaum Bewegung, viel Ungleichheit. Eine Studie zum sozialen Auf- und Abstieg in Deutschland. Hrsg. von der Heinrich-Böll-Stiftung. Schriften zu Wirtschaft und Soziales, Bd. 5, 2010

Prisching, Manfred: Das Selbst – Die Maske – Der Bluff. Über die Inszenierung der eigenen Person. Wien 2009

Progenium: Studie zum Image von Automarken. Beitrag dazu unter http://www.handelsblatt.com/auto/nachrichten/umfrageergebnisse-das-wahre-image-der-automarken/5923776.html

Rafaeli, Anat; Pratt, Michael G.: Artifacts and Organizations: Beyond Mere Symbolism. London 2006

Reimann, Sascha: Wer trickst heute nicht? Blender im Business. In: managerSeminare 170, Mai 2012, Seiten 38–43

Rosenzweig, Phil: Der Halo-Effekt. Wie sich Manager täuschen lassen. Offenbach 2008

Rubner, Jeanne: Schönheitsideal im Wandel. Die Verheißung von Glück. In: Süddeutsche Zeitung vom 15.01.2012. Online unter http://www.sueddeutsche.de/leben/schoenheitsideal-im-wandel-die-verheissung-von-glueck-1.1257395

Schäfer, Annette: Wir sind, was wir haben. Die tiefere Bedeutung der Dinge für unser Leben. München 2012

Schein, Edgar H.: Organisationskultur. The Ed Schein Corporate Culture Survival Guide. Bergisch Gladbach 2003

Schleuter, Willibert: Die sieben Irrtümer des Change-Managements. Und wie Sie sie vermeiden. Frankfurt am Main 2009

Schmidt, Walter: Das Internet und die Zukunft der Executive-Search-Branche. In: Hofmann, Dieter; Bergert, Gabriele (Hrsg.): Headhunter. Blick hinter die Kulissen einer verschwiegenen Branche. Wiesbaden 2014 (2. Auflage), Seiten 27–33

Schmitz, Michael: Opportunisten und Illusionskünstler. Warum der Grat zwischen Macht und Machtmissbrauch so schmal ist. in: Der Spiegel, 35/2012

Schneemann, Dirk: Wer bin ich – Wer bist du? Königswinter 2002

Schöll, Raimund: Atmosphärische Intelligenz. Anmerkungen eines Management-Coachs. In: Zfo 06/2007, Seiten 326–332

Schwertfeger, Bärbel: Personalauswahl per Gesichtsanalyse: Verräterische Beule am Kopf. In: Spiegel Online, 6.11.2006, online unter http://www.spiegel.de/unispiegel/jobundberuf/personalauswahl-per-gesichtsanalyse-verraeterische-beule-am-kopf-a-446426.html

Shazer, Steve de: Kreatives Missverstehen. In: Systeme 4(2), 1990, Seiten 136–148

Sieverding, Monika: Be cool! Emotional costs of hiding feelings in a job interview. International Journal of Selection and Assessment 2009, 17(4), Seiten 391–401

Simonsohn, U., and F. Gino. „Daily Horizons: Evidence of Narrow Bracketing in Judgments from 9,000 MBA Admission Interviews." Psychological Science 24, no. 2 (February 2013). Seiten 219–224. Online unter http://nrs.harvard.edu/urn-3:HUL.InstRepos:10996802

SKP-Studie: Wer führt (in) die Zukunft? 2008

Sloterdijk, Peter: Der ästhetische Imperativ. Schriften zur Kunst. Berlin 2014

Steppan, Rainer (Steppan 2014a): „Der Erwartungsdruck steigt". In: Hofmann, Dieter; Bergert, Gabriele (Hrsg.): Headhunter. Blick hinter die Kulissen einer verschwiegenen Branche. Wiesbaden 2014 (2. Auflage), Seiten 9–14

Steppan, Rainer (Steppan 2014b): Was man bei der Auswahl von Executive Search Consultants wissen sollte. In: Hofmann, Dieter; Bergert, Gabriele (Hrsg.): Headhunter. Blick hinter die Kulissen einer verschwiegenen Branche. Wiesbaden 2014 (2. Auflage), Seiten 175–181

Steppan, Rainer (Steppan 2014c): Jürgen Mülder und der Kampf gegen das Nürnberger Vermittlungsmonopol. In: Hofmann, Dieter; Bergert, Gabriele (Hrsg.): Headhunter. Blick hinter die Kulissen einer verschwiegenen Branche. Wiesbaden 2014 (2. Auflage), Seiten 185–188

Strategy& (ehemals Booz & Company): 2013 Chief Executive Study. 13. Ausgabe. London 2013

Ullrich, Wolfgang: Habenwollen. Wie funktioniert die Konsumkultur? Frankfurt am Main 2008

Walter, Wolfgang: Vom Executive Onboarding bis zum Accelerated Transition. In: Hofmann, Dieter; Bergert, Gabriele (Hrsg.): Headhunter. Blick hinter die Kulissen einer verschwiegenen Branche. Wiesbaden 2014 (2. Auflage), Seiten 117–125

Wehrle, Martin: Weiterdenken erwirken. Fragen wie ein Coach. In: managerSeminare 183, Juni 2014, Seiten 14–17

Weiguny, Bettina: Work-Life-Balance: Generation Weichei. In: Frankfurter Allgemeine Zeitung vom 22.12.2012, online unter http://www.faz.net/aktuell/wirtschaft/work-life-balance-generation-weichei-12002680.html

Weiner, Bernard: Motivationspsychologie. Weinheim 1994

Werle, Klaus: Die Bonsai-Manager. In: manager magazin 2014, Heft 11, Seiten 102–109

Wiesing, Lambert: Sehen lassen. Die Praxis des Zeigens. Berlin 2013

Windhausen, Christiane: Der Körper – Terra incognita im Change Management. Die Macht des Physischen in Beratungsinterventionen. in: OrganisationsEntwicklung 1, 2014, Seiten 42–48

Winkler, Brigitte: Psychopathen im Top Management verhindern. Interview mit Dr. Rüdiger Hossiep. In: OrganisationsEntwicklung Nr.1/2013, Seiten 92–94

Wippermann, Carsten: Frauen in Führungspositionen. Barrieren und Brücken. Eine Studie des Instituts Sinus Sociovision GmbH, Heidelberg, im Auftrag des Bundesministeriums für Familie, Senioren, Frauen und Jugend. 2010

Wüstenhagen, Claudia: Die Ich-Perspektive. In: Zeit Wissen vom 10.04.2012, Nr. 3/2012. Online unter http://www.zeit.de/zeit-wissen/2012/03/Das-Ich-Serie-Teil-2/seite-2

Über den Autor

Dr. Wolfgang K. Eckelt, MBA, M. A. ist geschäftsführender Gesellschafter der Eckelt Consultants GmbH in Stuttgart, dem renommierten Personalberatungsunternehmen für die Besetzung von Spitzenpositionen in den Technologiebranchen, u. a. in der Automobilindustrie. Seit 1998 arbeitet er selbstständig als Executive Search Consultant und hat mehrere hundert Positionen erfolgreich besetzt.

Er gilt als exzellenter Networker mit besten Kontakten in die Topetagen der deutschen Industrie. Seit 2004 ist er zudem Herausgeber des Business Magazins „Top Career Guide Automotive". Er ist Veranstalter des jährlich stattfindenden „Eckelt Consultants Business Talk", dem exklusivsten Network-Event, bei dem sich das Who is Who der Branche auf persönliche Einladung trifft.

Printed by Printforce, the Netherlands